Michael Grewe · Inez Meyer

Hunde brauchen klare Grenzen

Für Bettina, Hannah und Niklas

Michael Grewe · Inez Meyer

Hunde brauchen klare Grenzen

Gesetze einer Freundschaft

Mit Illustrationen von Miriam Warwas

KOSMOS

INHALT

ZUM GELEIT

(von Dr. Dorit Urd Feddersen-Petersen)

Warum noch ein Hundebuch? So lautet die Überschrift des ersten Kapitels. Die Antwort fällt sehr leicht: weil es ein so herausragendes Buch über das Soziale des Menschen und der Hunde schlicht nicht gibt. Es geht also um das Sozialverhalten und dessen Gesetze, das Miteinander, die aus den Kommunikationen resultierenden Beziehungen und den Weg zur Bindung, mit allen Missverständnissen und Irrwegen, die Menschen so beschreiten. Es geht um das Zusammenleben mit einem Haustier, das Sozialpartner wurde, es geht um Freundschaft.

So ist ein Fazit dieses Buches ganz konsequent:

»Mit Herz und mit Seele und mit der Freude aneinander«. Eben. Und weiter: »Menschen und Hunde gehören zusammen«. Es möge so bleiben.

Dieses Buch ragt heraus aus der Vielfalt der Hundeliteratur, und dieses aus vielerlei Gründen.

Meisterhaft und unterhaltsam, also rundum gelungen, wird das faszinierende Zusammenleben von Mensch und Hund gezeichnet, werden Fallstudien erzählt. So haben wir es mit einer Monografie zu tun, die sich dem Sozialverbund Hund-Mensch widmet.

Ein Beispiel: Man löst Probleme, Konflikte nicht mit Leckereien. Es sind soziale Konflikte, die der Mensch mit dem Hund regeln muss. Statt Salami Bindung und Vertrauen, den abgesteckten Rahmen, in dem sich der Hund frei verhalten kann, und der ihm soziale Sicherheit bietet. Dazu sind wir da.

Die Beispiele mit den Kindern sind hervorragend geschrieben und machen verblüffend klar, dass es bei Erziehungsakten nicht um Dressurakte geht. Lerntheorie und Sozialverhalten haben nichts miteinander zu tun. Gar nichts.

Ich mag, wie Michael Grewe all das erzählt, was Inez Meyer so brillant in Worte setzt, auch den trockenen Humor. Keine Manipulationen also, vielmehr den Hund und sein soziales Problem ernst nehmen. Alles andere wäre unfair und falsch. Sehe ich auch so.

Klug geschrieben, amüsant zu lesen. Desensibilisierung und Gegenkonditionierung, die inflationär für jedwede Probleme angepriesen werden, »nach den neuesten Erkenntnissen der Wissenschaft«, geraten an ihre Grenzen, wenn genau beschrieben wird, was möglich ist – und was nicht.

Das Klickertraining als »sozialer Versager« – es ist ja einst auch nicht für den sozialen Auftrag ersonnen worden. Pascal mit dem Nudelschnipsen beim Restaurantbesuch verdeutlicht die Nöte der zum Ignorieren verdonnerten Eltern. Herrlich beschrieben und so klar in der Botschaft! Ignorieren und Ignoranz.

»Erziehung hat mit Beziehung zu tun, nicht mit Anleitungen. Mit Persönlichkeit anstelle starrer Vorgaben. Mit Herz und mit Seele und mit der Freude aneinander.«

Es ist ein kluges, ein tiefsinniges Buch, jedoch mit einem anrührenden Selbstverständnis und von so leichter Hand geschrieben. Es ist nicht nur gut verständlich, man liest es in sich hinein, lächelnd oder auch lachend, ernst oder traurig. Es erweckt Emotionen und macht auch betroffen. So ist das also, ja, das kenne ich. Der Wiedererkennungseffekt ist groß und führt zum Verständnis etlicher bis dato nicht weiter beachteter Begebenheiten.

Dem Hund ist es als einzigem der domestizierten Tiere gelungen, »sich dem Zusammenleben mit dem Menschen so optimal anzupassen, dass wir ihn als eine Art Du empfinden«.

Beispiele aus unserem Leben, erzählt mit intelligentem Humor. Humor ist immer intelligent? Nein, das finde ich nicht, denn Humor und Witz werden leider allzu oft verwechselt. Die Texte dieses Buches über Hunde und Menschen sind keineswegs witzig.

Doch vieles erheitert. Ich habe mich sehr amüsiert, häufig lachen müssen. Und Frohsinn fehlt uns doch, oder? Ein humorvoller Grundton durchzieht das Buch, ich meine den klugen Humor als »dauernde Stimmung des Herzens«, wie Curt Goetz einst so treffend formulierte.

Michael Grewe hat den Finger am Puls des Zeitgeistes und fühlt uns zudem noch auf den Zahn – wobei er sich selbst nicht ausnimmt. Auch die Parallelen zwischen Mensch und Hund werden mit liebevoller Ironie aufgezeigt, beispielhaft – und sie überzeugen.

Strategische Manipulationen beherrschen Hunde und Kinder – und wir lieben sie. Sie uns auch, das ist gewiss. Dass aber auch sie ihre Ziele erreichen wollen und dafür so einiges einsetzen, ist ebenso gewiss.

Also, verspielt-versponnener Wortwitz und feinsinniger Humor durchziehen die Zeilen, die Hunden und Menschen gewidmet sind, ihren sozialen Möglichkeiten und Fähigkeiten, ihrem Miteinander, immer wieder getrübt durch den Menschen, der nicht versteht. Es ist ein klug konzipiertes Buch über soziales Leben unter Menschen und Hunden in unserer Gesellschaft. Es basiert auf solidem Fundament und großer Erfahrung. Und der Ton stimmt: Hier wird niemand belehrt, so von oben herab. Der Ton ist liebevoll.

Etwas Besonderes entstand, weil dieses Buch einen gedanklichen Überbau hat, der integrativ ist und die zu Recht geübte Kritik am Leben mit dem Hund, an all den Ungereimtheiten seines Trainings oder seiner Therapie und anderem Unverstandenen, schlussendlich zum versöhnlichen Ende führt – und weil das Buch so vortrefflich geschrieben ist. Literarische Qualität erwartet man in diesem Bereich nicht unbedingt. Findet man sie, so erfreut das. Mir jedenfalls geht es so.

Hinzu kommt, dass unser Leben mit so viel intelligentem Gefühl und dem gebührlichen Abstand betrachtet wird, der Humor, die Selbstbetrachtung nie auslässt. Ich kann mich nicht daran erinnern, ein Sachbuch mit so viel Freude und Gewinn gelesen zu haben.

Im Übrigen will es nur Kenntnisse verbreiten, ist nicht auf Zustimmung aus, es berichtet lediglich. Man lernt, wenn man muss. Man lernt, wenn man einen Ausweg will, dann lernt man rücksichtslos.

Es gibt Bücher, die glücklich machen. Dieses Buch ist so eines. Danke, Inez und Michael!

Dr. Dorit Urd Feddersen-Petersen
Ethologin am Institut für Haustierkunde der Universität Kiel

WARUM NOCH EIN HUNDEBUCH?

Warum noch ein Hundebuch? Um es vorwegzunehmen: Hier geht es nicht um Tipps und es gibt keine Anleitungen. Hier geht es um den Hund und um die Frage, warum wir heute mehr Probleme mit Hunden haben – und sie mit uns – als je zuvor.

Probleme?

Futter im Übermaß, regelmäßige und abwechslungsreiche Beschäftigung, modernste medizinische Betreuung – welche Probleme?

Erziehungsprobleme.

Also doch Tipps, wie mache ich es richtig?

Nein, denn Erziehung hat mit Beziehung zu tun, nicht mit Anleitungen. Mit Persönlichkeit anstelle starrer Vorgaben. Mit Herz und mit Seele und mit der Freude aneinander.

Mensch und Hund verbindet eine lange gemeinsame Geschichte, eine Geschichte, im Verlauf derer der Hund zum sprichwörtlich »besten Freund« des Menschen wurde.

Kurzum: Es geht um Freundschaft.
Und um die Gesetze dieser Freundschaft.

Was ist los mit unseren Hunden? Was ist Hundeerziehung eigentlich? Was genau machen Hundetrainer, Verhaltensberater, Tierpsychologen? Warum haben Menschen Schwierigkeiten mit ihren Hunden, obwohl sie sich viel Mühe geben, alles richtig zu machen?

Warum sind Hunde hyperaktiv, warum bekommen sie Depressionen, warum nerven sie ihre Umwelt? Warum leben so viele Hunde nicht mit ihren Menschen, sondern werden in Tierheimen abgegeben? Was ist los in der Hundezucht? Was fressen Hunde eigentlich? Wie steht es mit aggressiven oder mit jagenden Hunden? Was sind Verhaltensstörungen – und was unterscheidet sie von störendem Verhalten? Wie geht man mit ängstlichen Hunden um? Was erwarten Hunde von ihren Menschen und umgekehrt – und passt das noch zusammen?

Das sind eine ganze Menge Fragen, die ich beantworten möchte. Es geht mir dabei nicht um das Propagieren noch einer »Methode«. Methoden haben wir genügend auf dem Hundemarkt. Fast scheint es, je mehr Methoden wir haben, umso desorientierter sind die Hundehalter und damit auch ihre Hunde. Ich habe mir vorgenommen, Klarheit in das Chaos zu bringen und greifbare, nachvollziehbare Antworten auf die Fragen vieler Hundehalter zu geben.

Menschen und Hunde gehören zusammen.
Das war schon immer so und soll auch so bleiben.
Dafür schreibe ich dieses Buch.

WIE ALLES ANFING

Um Hunde und Menschen heute verstehen und deuten zu können erscheint mir nichts logischer, als am Anfang dieser Beziehung zu beginnen. Wir begeben uns also auf eine kleine Zeitreise in unsere Vergangenheit. Fest steht, der heutige Haushund war einmal ein Wolf. Erwiesen ist auch, dass unser Haushund nur diesen einen Vorfahren hatte. Der berühmte Ethologe Konrad Lorenz war noch 1950 in seinem Buch »So kam der Mensch auf den Hund« davon ausgegangen, dass der Hund sich sowohl auf den Goldschakal als auch auf den Wolf zurückverfolgen lässt. Weitere Studien über das Größenverhältnis zwischen Körper und Hirn an Wild- und Haustieren haben dies jedoch widerlegt.

Unser Hund ist also ein Wolf. Nein: Er war ein Wolf. Heute ist er ein Hund. Trotz seiner Verwandtschaft mit dem Wolf besitzt er viele typisch wölfische Eigenschaften nicht mehr. Im Laufe seiner Entwicklung hat er jedoch nicht nur Merkmale verloren, er hat sich angepasst und im Zuge dieser Anpassung zahlreiche Eigenschaften hinzugewonnen. Er ist also nicht eine Art abgespeckter Wolf, er ist ein Hund. Diesem Hund ist es als einzigem der domestizierten Tiere gelungen, sich dem Zusammenleben mit dem Menschen so optimal anzupassen, dass wir ihn als eine Art »Du« empfinden. Die extreme Anpassung an uns Menschen hat aber gerade in jüngster Zeit dem Hund nicht nur Vorteile, sondern auch einige Nachteile gebracht. Zum Beispiel den, dass wir ihn so gar nicht mehr als das sehen, was er ist: nämlich ein Hund. *Also ein Tier mit eigenen Bedürfnissen, mit einem eigenen Verhaltensrepertoire und einer Sichtweise auf die Welt, die sich nicht zwangsläufig mit der unsrigen deckt.*

WIE ABER WURDE ER ZUM HUND?

So genau weiß das niemand, aber es gibt Mutmaßungen.

Zum Beispiel die, dass vor etwa 15.000 Jahren Menschen Wolfswelpen, aus welchen Gründen auch immer, verlassen aufgefunden und zu sich genommen haben. Frauen, die gerade über Milch verfügten, säugten die kleinen Welpen und man zog sie gemeinsam groß. Und dann? War das schon der Hund? Ging er gemeinsam mit dem Menschen auf die Jagd? Wohl kaum. Ein erster Schritt könnte es aber dennoch gewesen sein, zumal es zahlreiche Belege dafür gibt, dass in anderen Kulturkreisen auch heute noch Tierkinder von Frauen gesäugt werden. In Asien sind es kleine Ferkel, woanders sind es vereinzelt Affenbabys, die so genährt werden. Doch selbst wenn es sich tatsächlich so abgespielt haben sollte, steht fest, dass dieser Umstand alleine nicht zum »Hauswolf« geführt haben kann.

Eine weitere Theorie geht von einer »Verringerung der Fluchtdistanz« aus. Die damals noch nicht sesshaften Menschen hinterließen verwertbare Reste an ihrem Lager, wenn sie weiterzogen. Der Tisch war also gedeckt, und die Wölfe konnten, ohne auf die Jagd zu gehen, die Reste genießen. Die Jagd auf große Beutetiere kostet einerseits viel Kraft und Energie und birgt andererseits ein hohes Verletzungsrisiko. Die Wölfe lungerten also um die Lager der Menschen herum und fraßen deren nicht mehr verwertbare Nahrungsreste und Exkremente. Mit der Zeit – und für derartige Entwicklungen bedarf es viel Zeit – verloren sie zunehmend ihre Scheu vor dem Menschen. Ein Anbindungsprozess der Wölfe an den Menschen könnte jetzt begonnen haben. Doch wie ging es weiter? Waren das bereits Jagdgebrauchswölfe? Gab es hier und da auch schon kleine Schoßwölfchen? Ich denke nicht.

Fällt das Wort Wolf, taucht vor unserem geistigen Auge interessanterweise immer der eindrucksvolle nordische Wolfstyp auf: groß, kräftig und wunderschön. Vor allem aber kräftig, sehr kräftig sogar!

Das ist doch seltsam, dass wir immer an diesen Wolfstypus denken. Man stelle sich nur vor, wie dieser zwar wunderschöne, aber eben auch große und sehr kräftige Wolf sich mit den damaligen Menschen, insbesondere mit den Kindern, um die Beute stritt. Wir wissen, dass es beim Fressen der Caniden eigentlich immer um die Wurst geht. Freundschaft oder Verwandtschaft sind keine Hinderungsgründe für eine auch mal etwas heftigere Zurechtweisung – mitunter unter Einsatz der Zähne. Vielleicht geschah dies nicht bei jeder Mahlzeit, doch wenn es auch nur gelegentlich so ablief, dürfte der Mensch keine Chance gegen den Wolf gehabt haben. Letzterer hätte also ein hohes Gefahrenpotenzial besonders für Kinder dargestellt. Warum in aller Welt sollten Menschen freiwillig dieses Risiko eingegangen sein?

Neuere wissenschaftliche Studien untersuchen den viel kleineren und ungleich leichteren Chinesischen Wolf. Bei einem solch kleinen Wolf wäre im Falle einer Auseinandersetzung die Gefahr für den Menschen sehr viel geringer gewesen, da diese Wölfe nicht annähernd über die Kräfte eines großen, nordischen Wolfs verfügen. Die Vorstellung ist zwar weniger romantisch, dafür aber umso einleuchtender, dass nämlich der Anbindungsprozess des Wolfes an den Menschen mit dem kleineren, asiatischen Wolfstyp begonnen hat.

Wenn es denn so war.

Es könnte auch ganz anders gewesen sein. Vielleicht waren damals die Menschen ausschließlich Sammler und töteten keine Tiere zum Verzehr. Was wäre, wenn der damalige Wolf Menschen gegenüber keinerlei Scheu gezeigt hätte und sich die Frage der Anbindung an den Menschen gar nicht so stellte? Schließlich existieren auch heute noch vereinzelt Gegenden auf dieser Welt, in der Tiere nicht die geringste Scheu gegenüber Menschen zeigen. Das sind Gebiete, in denen der Mensch die Tiere weder jagt noch jemals gejagt hat. Dazu gehören Vogelpopulationen im Norden Europas, einige Inseln auf der südlichen Erdhalbkugel und noch wenige andere Gebiete, in denen Tiere, aber eben keine Menschen leben. Es müssten auch nicht alle Menschen weltweit Sammler gewesen sein, es reicht vollkommen, dass es in einer Region so war und vielleicht ausgerechnet hier die kleinen Wölfe lebten, vor denen sich Menschen nicht fürchten mussten. Weiter vorstellbar ist, dass auch hier die Frauen aus der ersten Theorie einen oder mehrere Wolfswelpen säugten.

Wie auch immer es gewesen sein mochte – auf einmal war er da, der Wolf. Sicherlich verging trotz dieser wie auch immer gearteten Anbindung an den Menschen noch eine lange Zeit, ehe aus dem Wildtier Wolf das Haustier Hund wurde. In dieser Zeit jedoch muss es bereits gute Gründe für den Menschen gegeben haben, Wölfe in seiner näheren Umgebung zu dulden oder sich ihre Nähe gar ausdrücklich zu wünschen. Damals handelte es sich mit Sicherheit noch nicht um eine soziale Anbindung. Niemand fand es so richtig schön und toll, einen Wolf zu haben oder hatte gar das Bedürfnis, mit dem Wolf gemeinsam ein paar kuschelige Stunden vor dem Lagerfeuer zu verbringen. Zum Kuscheln eigneten sich Wölfe damals so wenig wie heute. Auch der Hygienegedanke, also das Lager frei von Ungeziefer zu halten oder durch das Fressen der menschlichen Exkremente durch die Wölfe der Verbreitung von Krankheiten vorzubeugen, kann es nicht gewesen sein. Die damals noch nicht sesshaften Menschen lösten dieses Problem ganz einfach dadurch, dass sie das Lager wechselten. Die außerordentlich hohen Sinnesleistungen der Wölfe aber könnten genau diesen Grund geliefert haben. Gefahren durch andere Tiere oder umherziehende Menschengruppen wurden zeitig durch die Wölfe angekündigt. Sie schlugen allerdings nicht laut bellend an, wie das heute für einen guten Hofhund selbstverständlich ist. Bellen können Wölfe bis heute nicht, jedoch signalisieren sie ihrer Umgebung durch Wufflaute ihre Verunsicherung. Denkbar wäre, dass in dieser Hinsicht besonders aufmerksame Tiere gelegentlich sogar gefüttert wurden, um die Anbindung an den Menschen zu festigen.

Dem Domestikationsprozess, also der Haustierwerdung des Wolfes, könnten auch ein paar evolutionäre Zufälle auf die Sprünge geholfen haben. Genmutationen oder auch Gendefekte einer Gruppe von Wölfen könnten einer Anpassung an unsere Lebensform Vorschub geleistet haben.

Wie es wirklich gewesen ist, wir wissen es nicht. Es dürfte ein vielschichtiger, langwieriger und von zahlreichen Faktoren abhängiger Prozess gewesen sein.

Für die Situation der Hunde heute in Deutschland spielen diese Details auch keine große Rolle. Fest steht, dass sich Wölfe nicht zähmen ließen und auch heute nicht zähmen lassen. Bis zum heutigen Tag sind sie nicht für irgendeine Tätigkeit dressierbar. Lasten auf einem Schlitten zu ziehen oder Menschen bei der Jagd zu unterstützen – unmöglich. Die Zähmung von Wölfen war weder im Guten noch im Bösen, weder mit Futter noch mit Prügel erreichbar. Aus den vergeblichen Dressurversuchen mit heute lebenden Wölfen schließt man, dass es damals auch nicht anders war.

Wie auch immer, eines Tages war es so weit. Das hatte es vorher in der Geschichte der Menschen noch nie gegeben: Aus einem wilden Tier war ein Haustier geworden. Es war das erste Haustier des Menschen, noch vor Ziege und Schwein, und das, obwohl es noch nicht einmal Häuser gab. Der Mensch hatte seinen »besten Freund« gefunden: den Hund.

Dieser Hund war bald überall auf der ganzen Welt anzutreffen. Es war ihm gelungen, sich den jeweiligen Lebensbedingungen der Menschen derart vorteilhaft anzupassen, dass er überall, von den sengend heißen Wüsten über felsige Gebirgsketten bis hin zu klirrend kalten Polargebieten, leben konnte.

Die Anpassung an das vorherrschende Klima führte dazu, dass bis heute um die entsprechenden Breitengrade der Erde in ihrer Erscheinung verblüffend ähnliche Hundetypen anzutreffen sind. Im Norden beispielsweise leben vergleichsweise große Hunde mit kleinen Stehohren und einem dichten Haarkleid. In den südlichen Breitengraden leben Hunde, die sowohl mit einem sehr viel kärglicheren Nahrungsangebot auskommen als auch hohe Temperaturen aushalten können. Sie sind kleiner und leichter und verbrauchen damit weniger Energie, benötigen also weniger Nahrung. Auch um den Äquator herum leben Hunde, die sich einmal um den Erdball herum in ihrer äußeren Erscheinung sehr ähnlich sind. Bei allen Hunden handelt es sich zum Teil heute noch um Hunde, die lose um den Menschen versammelt leben, aber keiner bestimmten Person zuzuordnen sind. Sie leben in Gruppen in oder um menschliche Siedlungen herum und ernähren sich von deren Nahrungsabfall und Müll. Einer bestimmten Rasse sind diese Hunde nicht zuzuordnen, wohl aber einem bestimmten Hundetypus.

Man kann sich heute noch gut vorstellen, dass das Warnen vor Gefahr seitens der Hunde für die umherziehenden Menschen von großem Nutzen war. Weniger gut vorstellen kann oder möchte man sich einen anderen möglichen Nutzen: Hunde als lebendige Fleischreserve. Noch dazu eine, die man nicht anbinden oder einzäunen musste, da der Hund dank seines geselligen Wesens bereits an den Menschen »angebunden« war.

Beim Thema Hundefleischverzehr zeigt unser mahnender Zeigefinger unweigerlich in Richtung Osten, nach Asien. Auch soll es angeblich abgelegene, hinterwäldlerische Schweizer Kantone geben, wo derart gefühllose Gepflogenheiten möglicherweise noch anzutreffen sind. Wenn wir über derlei Dinge reden, schwingt ein Vorwurf in der Stimme mit. Der Vorwurf der Barbarei.

Dass aber wir ebendiese Barbaren sind oder es bis vor nicht allzu langer Zeit gewesen sind, das können wir kaum glauben. Kaum jemand weiß, dass es um 1900 in den damaligen deutschen Grenzen um die 8000 Hundeschlachtereien gab, die größte in Breslau. Also mussten beispielsweise meine Großeltern davon gewusst haben, wenn sie nicht gar selbst Hundefleisch verzehrt haben. Erzählt haben sie es mir nie. Denn zu meiner Zeit flimmerten bereits *Rin Tin Tin* und *Lassie* über den Bildschirm. Diese Hunde wurden verehrt, nicht verzehrt. Meinen Großeltern war sicherlich nicht entgangen, wie sehr ich *Rin Tin Tin* liebte. Wie sollten sie mir da erzählen, dass man zu ihrer Zeit manchen Hunden nicht mehr Gefühle entgegenbrachte als einem Schweineschnitzel?

Die letzte verbürgte Hundeschlachtung geschah 1986 in Augsburg. Da das Fleisch für den menschlichen Verzehr bestimmt war, wurde es vorschriftsmäßig auf Trichinen untersucht. Heute will man kaum noch glauben, dass wir so etwas getan haben. Das scheint geradezu unfassbar.

Wir urteilen so gerne und vor allen Dingen so selbstverständlich in andere Kulturkreise hinein und haben auch in der Geschichte rückwirkend keine Scheu, den Menschen alle möglichen Verhaltensweisen vorzuwerfen. Der Bereich Hundehaltung bildet hier keine Ausnahme. Hier tendieren wir dazu, uns selbst erst einmal besser zu finden als den Rest der Welt. Noch einmal zur Erinnerung: 1986 in Deutschland – und keiner hat davon gewusst!

Zurück zu den Hunden und wie wir uns näherkamen. Was auch immer die Vorteile der Hundehaltung für den Menschen gewesen sein mochte, ganz sicher duldete er niemals, dass ihm Hunde lästig oder gar gefährlich wurden. Da es damals noch keine Hundetrainer gab, ging man vermutlich rein pragmatisch vor (kein Handy, kein Arzt, kein Antibiotikum) und erschlug die dem Menschen gefährlichen Tiere. Sentimentalität hätte Krankheit oder auch den Tod bedeutet. So fand über die Jahre eine Selektion durch den Menschen statt. Ein angepasstes Sozialverhalten war die unbedingte Grundvoraussetzung für alle anderen Vorteile, die Hunde dem Menschen bieten konnten. Nutzformen, etwa in Anlehnung an unsere heutigen Rassen, gab es schlichtweg nicht. Es sollte noch einige Zeit dauern, ehe der Nutzgedanke (Beispiel Jagdbegleithund) Fuß fassen konnte.

Aber irgendwann muss es begonnen haben. Der Mensch muss erkannt haben, dass sich die Hunde auch noch zu anderen Aufgaben als der des Wachens nutzen ließen. Natürlich waren diese Hunde noch weit entfernt von den spezialisierten Talenten eines heutigen Border Collies, aber man begann, für die gewünschten Aufgaben besonders begabte Hunde herauszufiltern. Regionale Schläge entstanden.

Hunde, die in etwa dem gleichen Hundejob nachgehen, sehen sich auf der ganzen Welt relativ ähnlich, denn körperliche Fähigkeiten legen sich in ähnlichen körperlichen Merkmalen fest. Durch die gezielte Auswahl wurden über die Zeit die Fähigkeiten der Hunde selektiert und die ersten bewusst gezüchteten Nutzhunde entstanden. Später wurden sogenannte Standards bezüglich des Aussehens und des Verhaltens festgelegt – der Beginn der Rassehundezucht.

Der Hund entwickelte sich also zum Spezialisten in Bezug auf seine Nützlichkeit. So war er zeitweise das »Pferd des armen Mannes«, nämlich ein Lastenschlepper. Die robusten alten Sennenhunde, die ursprünglichen Rottweiler, kräftige, ausdauernde Hunde, waren für diesen Job geeignet. Übrigens kann man auf zahlreichen alten Kupferstichen, auf denen Karrenhunde abgebildet sind, eine halfterähnliche Konstruktion um den Fang des Hundes erkennen. Offenbar gab es damals schon Leute, die so etwas wie ein Halti erfunden hatten.

Hunde wurden auch zum Betreiben von Laufrädern an den ersten Maschinen eingesetzt. Andere dienten als Kriegshunde oder stachelten in der Arena die Massen zu Begeisterungsstürmen an, wenn sie gegen Menschen oder gegen andere Artgenossen auf Leben und Tod kämpften. Palasthündchen, die es schon seit Jahrtausenden gibt, trösteten einsame Prinzessinnenherzen; ebenfalls seit Jahrtausenden gibt es Hunde, die ihren adeligen Herren als Statussymbol dienen. Wieder andere müssen in Europa zur Zeit der »Maschinentheorie« um den Philosophen und Wissenschaftler Descartes als die vermutlich ersten Versuchstiere herhalten. Die Wissenschaftler nagelten die Tiere auf Holzbretter, um sie anschließend bei lebendigem Leib aufzuschneiden. Die Schmerzensschreie der Hunde interpretierte man ungerührt als mechanische Geräusche, ähnlich dem Quietschen eines Wagenrads.

Mit erstaunlicher Kreativität gelang es dem Menschen vorrangig in Europa immer mehr Nutzformen für den Hund zu entwickeln. Eine Kosten-Nutzen-Rechnung bestimmte fortan die Beziehung zum Hund: Wer nicht arbeitet, der bekommt auch nichts zu fressen. Bei aller Bereicherung ging diese Entwicklung auch mit einem ganz entscheidenden Verlust einher, einem Aspekt des Zusammenlebens mit dem Hund, der seit Jahrtausenden im Vordergrund gestanden hatte: *Dem sozial entspannten und selbstverständlichen Miteinander von Mensch und Hund.*

Außerhalb unseres Kulturkreises, beispielsweise in Südostasien oder in Afrika, konnte sich dieses ursprüngliche soziale Miteinander von Menschen und Hunden bis heute weitgehend erhalten.

Zurück nach Europa. Die Industrialisierung erschüttert die damalige Lebensform der Großfamilie. In großen Familien zu leben ist angesichts der akuten Wohnungsnot in den Städten, in denen viele Schichtarbeiter sogar ihre Nachtlager in Rotation teilen, gar nicht möglich. Das Stadtleben ist hart, birgt aber das Versprechen, Geld zu verdienen. Auf dem Land dagegen herrscht Armut, eine oft ausweglose Armut, nicht selten geprägt von Hunger, Krankheit und Stagnation. Der Lebensstandard steigt, langfristig gesehen auch für die Ärmsten der Armen. Die Veränderungen beziehen sich jedoch nicht nur auf die materiellen Bedingungen, sie betreffen auch die Lebensformen und damit die Werte, die als soziales Bindematerial dienen. Nicht nur wie wir leben hat sich in dieser Zeit fundamental geändert, auch unsere Wünsche, Vorstellungen und Ansprüche an unser Leben haben sich gewandelt.

Wie sehen diese neuen Lebensformen in der Stadt aus? Die Großfamilie mit Onkel und Tanten, Eltern und Großeltern hat ausgedient.

Wenn überhaupt Familie, dann ist die Kleinfamilie – Vater, Mutter, zwei Kinder – die Regel. Aber auch hier geht der Trend noch weiter: Paare, die sich bewusst gegen Kinder entscheiden und für die Karriere und Selbstverwirklichung an erster Stelle stehen. Kinder aufzuziehen oder die Eltern bei sich aufzunehmen und zu pflegen kostet Zeit und Kraft, eben jene Zeit und Kraft, durch deren Verlust man möglicherweise den beruflichen Anschluss verpasst.

Nun denken Sie sicher: Hier sucht ein seelisch Gestresster vergeblich nach der guten, alten Zeit. Dem ist nicht so. Die gute alte Zeit war genauso wenig perfekt wie es die heutige Zeit ist und meine Sehnsucht nach ihr hält sich in engen Grenzen. Ich möchte lediglich zeigen, was diese Veränderungen für den Menschen – und damit auch den Hund und unser Zusammenleben – bedeuten.

Der Trend zur Minimalfamilie geht noch weiter: Wir mutieren von einst sehr sozial organisierten Wesen zu scheinbar solitär lebenden Singles. Aber genauso wie bei den Familien die Patchworkfamilie als neue und bereichernde Lebensform hinzugekommen ist, organisieren sich Singles ebenfalls wieder in sozialen Gruppen. Die Inhalte haben sich verändert, das Bedürfnis nach der Nähe anderer ist, wenn auch abgeschwächt, weiter vorhanden.

Die Veränderungen der letzten hundert Jahre nehmen zeitlich gesehen einen geradezu lächerlichen Raum ein, wir stehen also noch am Anfang einer Entwicklung. Die Zukunft wird zeigen, welche Menschen sich den neuen Lebensformen anpassen können und welche mit diesen Entwicklungen nur schlecht oder gar nicht umgehen können. Evolutionär betrachtet ist das überhaupt nichts Besonderes.

Zurück zum Hund und seinem Platz in unserem Leben. Nicht alle kommen wir mit der zunehmenden Isolation gut zurecht. Das Bedürfnis nach Gemeinsamkeit, nach im weitesten Sinne Vertrautheit und emotionaler Wärme, wird häufig nicht erfüllt. Hier kommt der Hund ins Spiel und springt exakt in diese soziale Lücke. Sein Job ist es jetzt, die emotionalen Löcher zu stopfen, die unser modernes Leben bei vielen Menschen hinterlässt.

Dass unsere Art, mit Hunden umzugehen und sie häufig sogar gewissermaßen als Partner anzusehen, nicht überall auf der Welt verstanden wird, zeigt der Bericht des Kameruner Soziologen Dr. Ndonko, der in den Neunzigerjahren bei einem Deutschlandbesuch verblüfft feststellte, dass es hier Läden gibt, in denen ausschließlich Hundefutter verkauft wird. Und sogar Spielzeuge haben sie hier für ihre Hunde!

Natürlich lassen sich ein Industrieland wie Deutschland und ein Entwicklungsland wie Kamerun nicht eins zu eins vergleichen. Vergleichen lassen sich aber die sozialen Strukturen. Vereinfacht gesagt kann man feststellen: In Kulturen, die industriell noch nicht so weit entwickelt sind, in denen aber die Familienstrukturen noch weitgehend erhalten sind, spielen Hunde schlichtweg eine sehr viel geringere Rolle als in Kulturen, die industriell hoch entwickelt sind, in denen die Menschen jedoch sozial vergleichsweise isoliert leben.

An dieser Stelle ertönt bei meinen Vorträgen traditionell ein lauter Aufschrei, meist in hoher Tonfrequenz und von immergleichem Inhalt: »Aber die Hunde in Afrika haben nichts zu fressen und wenn sie krank sind, kümmert sich keiner um sie!« Das ist ein ganz schön harter Vorwurf gegen die Menschen, die in Afrika leben! Und uns macht es gleich zu den besseren Menschen.

Ist dem tatsächlich so?

Begeben wir uns auf eine Reise durch die bunte Welt der deutschen Tierheime und besuchen die allein unter der Schirmherrschaft des Deutschen Tierschutzbundes registrierten 77.200 Hunde, die darin wohnen. Zählt man die privaten und von Gemeinden betriebenen Tierheime sowie die zahlreichen Pflegestellen noch hinzu, dürfte sich diese Zahl in etwa verdoppeln. Sie sind ausnahmslos wohlgenährt und werden medizinisch hervorragend betreut – mehr ist in der Regel nicht drin. Hat das Elend bei uns nicht nur ein anderes Gesicht?

Verstehen Sie mich bitte nicht falsch. Nicht die Tierheime sind das Problem, sondern die Einstellung derer, die ihren Hund, ihre Katze oder ein anderes Tier wie einen nicht mehr benötigten Gegenstand dort abgeben. Mir geht es hier nicht vordergründig um eine Wertung, sondern darum, dass sich unsere Einstellung gegenüber Hunden grundlegend geändert hat. Wir sorgen uns selbst dann noch um sie, wenn wir sie ins Tierheim abgeschoben haben. Dort bekommen sie pünktlich ihr Futter und die Jahresimpfung. Sie haben weder Milben noch werden sie von Flöhen geplagt. Sie schlafen auf ihrem eigenen Kissen und Spielzeug haben sie auch. Nur das, wonach ihr Herz sich sehnt, das bekommen sie nicht. Hat es ein solcher Hund bei uns wirklich besser als sein afrikanischer Kollege? Glauben wir das wirklich?

DER HUND HEUTE – EIN HUNDELEBEN?

Unsere Hunde gehen morgens nicht mehr zur Arbeit. Die meisten von ihnen üben keinen Beruf mehr aus, schon gar nicht den, für den sie ursprünglich einmal gezüchtet wurden. Nur noch in seltenen Fällen sind sie ein Nutztier im eigentlichen Sinn. Sie sind zum Freund, zum Kumpel, zum Vertrauten aufgestiegen – sie sind jetzt unser Partner. Genau das ist ihre neue Nutzform. Sie sind weder Hüte-, Wach- noch Jagdhunde, *sie sind Sozialhunde*. Wer von uns verwendet einen Hund noch entsprechend seiner genetischen Anlagen? Wer braucht einen Hund zum Jagen, zum Wachen, zum Treiben oder zum Hüten? Natürlich kann ein Hund auch heute noch das Grundstück bewachen – aber ist sein Halter auf ihn angewiesen? Könnte er sich nicht zahlreicher technischer Errungenschaften bedienen, vom Bewegungsmelder bis zum Infrarotalarm? Schafhirten gibt es nur noch wenige, Hütehunde dagegen sehr viele – das ist doch merkwürdig!

Die neue Nutzform als Partner und Freund hat viele Gesichter. Zahlreiche alte Menschen leben alleine und haben sich gegen ein Altersheim entschieden. Eine Aufgabe innerhalb der Familie haben sie nicht mehr zwingend. Nur noch selten wird der alte Mensch in unserer Gesellschaft gebraucht, beispielsweise zur Betreuung der Enkelkinder, für leichte Hausarbeiten oder um mit seinem Erfahrungsschatz, der kaum noch etwas zählt, die Familie zu unterstützen.

Das Alleinsein zieht häufig ein Gefühl der Einsamkeit nach sich, oft macht es sogar richtig krank. Da bietet sich der Hund an. Man muss sich um ihn kümmern. Man kommt unter Menschen und an die frische Luft. Man muss seine müden Knochen bewegen. Gründe genug, einen Hund zu halten.

Doch nicht nur für alte Menschen hat der Hund eine Partnerfunktion. Alleinstehende aller Altersstufen stehen häufig buchstäblich allein da und haben niemanden, dem sie sich wirklich mitteilen können. Einem Hund aber kann ich alles anvertrauen, er lacht mich nicht aus. Ich kann ihn, wenn mir danach ist, berühren, ihn streicheln und ihm meine Liebe zeigen. Ich muss mich bei ihm nicht entschuldigen, wenn ich ihm ins Fell heule, und ich darf mich genauso überschwänglich freuen wie er, wenn wir uns nach nur zehn Minuten der Trennung wiedersehen. Ich kann so sein, wie ich bin und brauche mich nicht zu verstellen.

Auch das sind gute Gründe, einen Hund zu halten.

Dann gibt es Frauen einer gewissen Altersphase, in denen biologische Uhren ticken. Dieses unaufhörliche Ticken kann Frauen auf der Abteilungsleiterebene ebenso treffen wie Sachbearbeiterinnen. Die Uhr tickt auf der Manageretage ebenso laut wie hinter der Kasse eines Supermarkts. Ich kann mir ein Lächeln nicht verkneifen, wenn ich diese Frauen bei der Begegnung mit einem Welpen beobachte. Ohne zu zögern richtet sich der nunmehr wohlig entspannte Körper in Richtung Welpe aus, die Blicke werden weich und freundlich. Und während die Hände den Welpen greifen, kommt unweigerlich ein lang gezogenes »Ohhhhh, wie süssss!« über die Lippen.

Entschuldigung, das musste jetzt sein. Klappen Sie das Buch bitte nicht zu. Männer haben auch Eigenarten, nur eben andere. Männer leben zum Beispiel beruflich häufig in einem latenten Kriegszustand, immer mit dem Rücken zur Wand. Wer Freund und wer Feind ist, ist vielfach nicht mehr klar voneinander zu unterscheiden. Ohne Freunde aber fehlt etwas im Leben. Da kann ein kleiner vierbeiniger Racker viel besser und enthemmter als ich die für mich so mühselige Selbstdarstellung übernehmen und meine Männlichkeit gleich doppelt wirkungsvoll unterstreichen.

Was auch immer die Anschaffungsgründe für einen Hund als Sozialpartner sein mögen, sie sind aus meiner Sicht alle legitim. Nicht legitim ist es dagegen, den Hund zu versachlichen. Der Hund als Gegenstand, das trifft beispielsweise auf jene Hunde zu, die ihr Leben überwiegend auf Hundeausstellungen verbringen müssen. Überfüllte, laute Hallen und stundenlanges, zum Teil beengtes Warten in zugehängten Verschlägen, euphemistisch Boxen genannt, sind für viele Hunde nur mit Beruhigungsmitteln überhaupt zu ertragen. Haarspray (für das Nasentier Hund eine Tortur!), Nagellack, Fönfrisuren, tätowierte Nasen, Lockenwickler und die Sicht be- oder gar verhindernde »Stylings« kommen hinzu. Viele Tausende unserer »Freunde« müssen ein solches Leben fristen. Hier stellt sich allerdings die Frage, ob es sich noch um einen Sozialpartner oder nicht vielmehr schlicht um einen Ausstellungsgegenstand handelt.

Noch ein Beispiel bietet der Hundesport, durch den Tausende Hunde erst ihre Lebensberechtigung erhalten. Die Mehrzahl von ihnen sind mit Bällen derart verrückt gemacht worden, dass sie sich in Erwartung ihres Einsatzes die Seele aus dem Leib schreien. Dabei ist es gleichgültig, ob es sich um den an Popularität schwindenden Schutzhundesport, um Agility, Obedience, Dogdancing oder auch um Flyball handelt. Für den Erfolg, also für die Punkte, lasse ich mir als Mensch so einiges einfallen. Viele dieser Mensch-Hund-Gespanne hatten zu Beginn ihrer Beziehung eine soziale Partnerschaft. Doch mit dem fortschreitenden Erfolgseifer der Hundehalter und ihrer leistungsorientierten Ausrichtung bleibt häufig nur noch festzustellen: Hier werden Hunde als Sportgeräte ihrer Halter missbraucht.

Eine neue Nutzform des Hundes also?

Leider nicht, denn seitdem es eine gerichtete Zucht gibt, gibt es auch das »sportliche« Phänomen. So müssen manche Rassen bei Hunderennen gegeneinander antreten, andere Rassen oder bestimmte Hundetypen müssen sich in der sogenannten »Pit«, also einer Kampfarena, im Kampf Hund gegen Hund beweisen. Die soziale

Beziehung und damit die sozialen Fähigkeiten spielen dabei damals wie heute häufig nur eine untergeordnete Rolle.

Ob Hundeausstellung oder Hundesport, viele der so genutzten Hunde erfüllen rein repräsentative Zwecke. Die Beziehung Mensch-Hund scheint sich häufig, zu häufig, nur über ihre Außenwirkung zu definieren.

Auch wenn es sich für manchen Leser wie ein persönlicher Vorwurf anhören mag, ist es nicht meine Absicht, Hundehalter zu verurteilen. Wir sind alle Kinder unserer Zeit und eines der oben beschriebenen Klischees trifft vermutlich auch auf mich zu. Dennoch stellt sich für mich die Frage, wer zuerst da war: die Wachsjacke oder der Labrador? Der wendige SUV oder der Husky? Der Lifestyle oder die Dekoration?

Nachdem ich Sie provoziert habe, möchte ich einiges relativieren. In allen genannten Aktivitätsbereichen gibt es auch Menschen, die sich ihrer Verantwortung bewusst sind und die die Sache angepasst und vertretbar betreiben. Doch manch ein Hundehalter rutscht ahnungslos in eine solche Welt hinein und glaubt, weil alle dort so denken, muss es zwangsläufig auch richtig sein. Die Frage aber, ob es richtig ist, was genau man seinem Tier zumutet und ob man es ihm gegenüber vertreten kann, die sollten sich alle Halter von Zeit zu Zeit kritisch stellen.

Ursprünglich hatten wir also den Wolf, gefolgt vom Hund, aus dem sehr viel später ein vielseitiges Nutztier wurde. Schlussendlich haben wir den Sozialpartner von heute. So weit ist alles in Ordnung, auch wenn wir uns besonders durch die letzte Veränderung der Nutzform in Richtung Partner immer weiter von dem entfernen, was Hunde einmal waren. Trotz seiner erstaunlich guten Eignung als Sozialpartner – ein weiterer Beweis für die enorme und einzigartige Anpassungsfähigkeit des Hundes an den Menschen und seine Lebensbedingungen – hat die daraus erwachsende emotionale Einstellung der

Halter gegenüber ihren Hunden auch Auswirkungen auf den Hund, die, zumindest auf den zweiten Blick, für diesen nicht unbedingt förderlich sind. Die veränderte Nutzform wirkt sich unmittelbar auf die heutige Haltung einschließlich der Ernährung des Hundes aus. Ebenso unmittelbar hat die partnerschaftliche Einstellung des Menschen gegenüber seinem Hund Auswirkungen auf seine Erziehung sowie den täglichen Umgang mit ihm. Die Veränderungen im Bereich von Haltung und Erziehung wirken sich wiederum auf die Zucht von Hunden aus. Wie überall sonst auch, hängt schließlich auch hier alles irgendwie mit allem zusammen.

VERÄNDERUNG DER HALTUNGSBEDINGUNGEN

Fangen wir mit den Haltungsbedingungen des Hundes an. Da hat sich eine ganze Menge verändert. Wer von uns hält seinen Hund heute noch draußen? Eine verschwindend kleine Minderheit. Noch vor sechzig, siebzig Jahren war es genau umgekehrt, und der Hund im Haus bildete die einsame Ausnahme. Allenfalls bei extremer Kälte, Sturm und Hagel hätte man seinem Tier einen Platz in der Diele zugewiesen.

Um es gleich vorwegzunehmen, wir halten selbst unsere Hunde im Haus, zumindest nachts. Mir geht es hier auch überhaupt nicht um eine Bewertung oder gar um eine Stellungnahme, was denn nun gut und was schlecht sei – vielmehr möchte ich veranschaulichen, wie einschneidend und in welch kurzer Zeit sich die Haltungsbedingungen unserer Haushunde verändert haben.

Aber nicht nur die Haltungsbedingungen, auch unsere Gefühle sind andere. Ein ausschließlich draußen gehaltener Hund ist unserem heutigen Empfinden nach zwangsläufig ein armer Hund, den es zu bedauern gilt. Der arme Kerl, bei jedem Wetter! Der sehnt sich doch nach dem Wohnzimmerteppich, nach den in regelmäßigen Abständen verabreichten Zwischenmahlzeiten in Krokettenform, nach seiner Familie. Der ist einsam und traurig. Wir bestehen selbst dann auf diesen Gefühlen, wenn der Hund einen zufriedenen Eindruck macht, nicht vor Kälte zittert und seiner Familie offenbar sehr zugetan ist. Umgekehrt sehen wir in einem im Haus gehaltenen Hund automatisch auch einen glücklichen Hund. Dem mangelt es an nichts, der ist wohlbehütet, dem geht es gut.

Doch es gibt eine ganze Reihe von Gründen, weswegen manche Hunde lieber draußen leben würden. Hunde mit dichtem Fell zum Beispiel, ursprünglich gezüchtet, um Schlitten durch klirrend kalte Schneelandschaften zu ziehen, würden vermutlich nur zu gerne die Fußbodenheizung und den Flauschteppich gegen einen etwas kühleren Untergrund eintauschen. Und die Ruhe da draußen! Keine kreischenden Kinder, keine Kunststückchen im Fünfminutentakt, keine Kauknochen. Trotzdem ist es nicht langweilig. Mal fliegt ein Vogel aus dem Gebüsch auf, mal nähert sich jemand dem Gartentor, mal wird nebenan gegrillt. Im Haus dagegen ein eher zu warmes Klima, watteweiche Liegestätten, randvoll gefüllte Näpfe, und der Fernseher – ist es das, wonach sich ein Hund verzehrt?

Wenn ich hier von einer Haltung außerhalb des Hauses spreche, meine ich weder eine Zwinger- noch eine Kettenhaltung, bei der der Hund fast ausschließlich sich selbst überlassen ist. Vielmehr geht es mir hier um eine relativ abwechslungsreiche Haltung mit nicht vorhersehbaren Reizen, auf die der Hund reagieren kann und die sein Gehirn bewegen. Dass der Kontakt zu Menschen und zu anderen Hunden nicht fehlen darf, versteht sich von selbst. A propos Kontakt zu Menschen – viele Hunde müssen tagtäglich während der Arbeitszeit ihrer Halter stundenlang in der Wohnung oder im Haus alleine bleiben – ist das nicht auch eine Form der Zwingerhaltung?

Die optimale Haltungsform, die für jeden Hund und unter allen Umständen verbindlich als gut zu bezeichnen ist, die gibt es nicht. Hunde sind verschieden, ihre Menschen sind es auch. Ich möchte nur den Blick schärfen und dazu anregen, nicht pauschal bestimmte Haltungsformen zu verdammen, nur weil sie den eigenen Gefühlen widersprechen. Ich möchte dazu anregen, die Welt kritisch zu betrachten und sich immer wieder die Frage zu stellen: Liege ich richtig mit meiner Einstellung? Oder sitze ich einfach nur dem Zeitgeist auf?

ERNÄHRUNG UNSERER HUNDE

Kommen wir zu einer weiteren drastischen Veränderung der letzten 40 Jahre: der Ernährung. Unsere Hunde fressen fast ausnahmslos Fertigfutter. Nur eine kleine Minderheit füttert ihren Hunden rohes Fleisch und Knochen, der Rest greift zu Dose oder Tüte. Dose und Tüte sind industriell gefertigt und versprechen alles zu beinhalten, was ein Hund braucht. Nur ist der Hund heute schon lange nicht mehr so gesund, wie er einmal war. Dabei ist es nicht die höhere Lebenserwartung unserer Hunde, die die Bilanz verschiebt. Die zunächst einleuchtende Erklärung, dass die Zunahme älterer Hunde zwangsläufig auch die Zunahme von Krankheiten bedeute, greift nicht. Denn unsere Hunde werden nicht erst im Alter krank, im Gegenteil, sie werden zunehmend bereits in jüngeren Jahren von Krankheiten geplagt, wie wir sie vom Menschen kennen. Zivilisationskrankheiten wie Diabetes, Herzinfarkt, die Folgen von Übergewicht und Bewegungsmangel, Gelenkverschleiß, Wachstumsprobleme, Allergien, Hauterkrankungen, Krebs. Warum ist das so? Sitzen wir möglicherweise einer nur vordergründig »informativen« Werbung auf, die dem Halter suggeriert, nur Fertigfutter sei mit allen lebensnotwendigen Stoffen versehen und schmecke dem Hund besonders gut? Die beeindruckenden und stetig steigenden Umsatzzahlen dieser Branche geben den Werbestrategen recht und belegen, dass die meisten Hundehalter ihnen Glauben schenken.

Nun bin ich kein Ernährungsfachmann und kann mich daher bei diesem Thema nicht so weit aus dem Fenster lehnen, wie ich es gerne täte. Obwohl ich kein Experte auf diesem Gebiet bin, interessieren mich Inhaltsstoffe und versprochene Auswirkungen von Fertigfutterprodukten genauso wenig wie die Inhaltsstoffe und Bekömmlichkeitsversprechen von Tütensuppen. Fertigfutter hat für mich ebenso wenig mit Hunden zu tun wie Tütensuppen mit Menschen zu tun haben. Das alles könnte mir eigentlich gleichgültig

sein, hätte ich nicht viele Fragen im Hinterkopf, die mir die Futtermittelindustrie nicht beantworten kann oder möchte. Und selbst wenn sie es versucht, kann ich ihr aus pekuniären Gründen nicht glauben. Der Fairness halber möchte ich allerdings darauf hinweisen, dass nicht ausschließlich das Fertigfutter für die erwähnten gesundheitlichen Auswirkungen verantwortlich ist. Auch mancher Züchter trägt mit inkonsequenter oder inkompetenter Selektion dazu bei, dass Missständen nicht rechtzeitig entgegengewirkt wird. Die Auswirkungen sind fatal, besonders wenn nur wenige Rüden zum Erhalt einer Rasse beitragen, wie das heute nur allzu oft der Fall ist. Die heutigen Haltungsbedingungen und der tägliche Cocktail von Umweltgiften leisten ihrerseits ebenfalls einen nicht unwesentlichen Beitrag.

Fragen wir uns doch einmal, was Hunde die letzten 15.000 Jahre über gefressen haben. 15.000 Jahre, das ist eine lange Zeit. Ihre Ernährung muss im Sinne der Evolution vorteilhaft gewesen sein, sonst gäbe es heute schlichtweg keine Hunde mehr. Was also haben sie gefressen?

Hunde haben alles gefressen, was sie kriegen konnten. Alles. Der Hund zählte ursprünglich zu den Karnivoren, den Fleischfressern. Auf diese Nahrung sind sein Gebiss und sein Verdauungstrakt eingestellt. Der Hund kann Fleisch reißen und Knochen knacken. Die Anbindung an den Menschen während seiner Domestikation hat seinen Speiseplan nicht grundsätzlich verändert, sondern lediglich erweitert. Er lernte alles zu fressen, was ihn am Leben hielt. Dieser Anpassung ist es zu verdanken, dass Hunde und Menschen heute so eng zusammenleben. Plötzlich jedoch erscheint ein Produkt auf dem Markt und eine Werbe- und Marketingstrategie wird erarbeitet. In der Folge wird das Denken der Menschen so manipuliert, dass es heute fast unmöglich erscheint, sich auf etwas ganz Einfaches zu besinnen: auf richtiges Hundefutter.

Was würden Hunde heute fressen, wenn sie es sich aussuchen könnten? Stellen Sie sich einen gesunden, nicht durch jahrelanges Füttern von trockenem oder undefinierbarem Nassfutter verpäppelten Hund vor, der vor Ihnen steht und sie anschaut. In der einen Hand haben Sie etliche der angeblich so gesunden Kugeln. In der anderen Hand halten Sie einen Rinderschlund mit Fleischresten und Knorpeln. Igitt! Was meinen Sie, was der Hund fressen wird? Genau: igitt! Weil es ihm schmeckt, weil er leidenschaftlich gerne frisst, weil Fressen Spaß macht – kurzum, weil er ein Hund ist.

An dieser Stelle möchte ich Sie bitten, den Test nicht mit einem Labrador durchzuführen. Er weiß entweder nichts von meiner These oder er will nichts von ihr wissen! Er würde ganz einfach beides fressen, auch in umgekehrter Reihenfolge ...

Falls der Hund sich für den Schlund entscheidet, sitzt er dabei einer Desinformation auf? Weiß er denn nicht, dass in diesem Stück Schlund gar nicht alle lebensnotwendigen Nährstoffe, die breite Palette der Mineralien und Vitamine, enthalten sind? Wird sein Fell unter der nun offenbar zwangsläufig entstehenden Mangelernährung leiden, gar ausfallen? Wenn Sie das glauben, dann müssen Sie aber auch erklären, wie der Hund es geschafft hat ohne Fertigfutter, dafür aber mit glänzendem Fell, bis heute zu überleben.

Wie wurden Hunde noch vor nicht allzu langer Zeit ernährt? Bei uns zu Hause lagerte mein Vater Pansen oder den noch appetitlicheren Blättermagen im Garten ein. Wir buddelten ein tiefes Loch, legten das Futter hinein, verschlossen das Loch mit einem schweren Deckel und fertig war die Erdtonne. Wenn das Fleisch so richtig schön mürbe war, bekam der Hund ein Stück davon zu fressen. Er sagte nicht igitt, er sagte gar nichts. Aber sein Gesichtsausdruck sagte alles: die pure Wonne und Glückseligkeit.

Von Zeit zu Zeit hängte mein Vater im Sommer riesige Pansenstücke in einen Baum, wo sie wie Wäschestücke baumelten. Die Fliegen bekamen sehr bald Wind von unserer neuen Gartendekoration und nutzten den Pansen, um dort ihre Eier abzulegen. Bald darauf hing eine brodelnde Masse im Baum. Kein Zweifel, es war richtig eklig. Wenig später kamen jedoch die Spatzen und pulten sich die Maden aus dem Fleisch. Wieder ein Schauspiel. Nachdem alle Maden säuberlich verputzt waren, blieb so etwas wie ein Stück Leder zurück. Es trocknete weiter in der Sonne, bis es bretthart war. Mein Vater zerhackte es in portionsgerechte Stücke, die dann verfüttert wurden. Stundenlang kaute, nagte, und knabberte unser Hund daran herum. Es machte ihm Spaß und sinnvoll beschäftigt war er auch.

Ein Hundeleben?

Es hält sich immer noch die Mähr, der Verzehr von rohem Fleisch würde einer gewissen »Schärfe« Vorschub leisten. Was aber soll das sein? Richtig ist, dass Hunde beim Fressen von rohem Fleisch oder fleischigen Knochen mit Leidenschaft bei der Sache sind. Sie fressen gierig und fallen in ihre eigene kleine Welt, die sie im Zweifelsfall auch vehementer verteidigen als kleine Murmeln. Fleisch ist schlicht und einfach sehr viel hochwertiger, und deshalb bin ich als Hund auch eher bereit, mich notfalls aggressiv durchzusetzen. Das ist weder anormal noch schlimm, im Gegenteil, es ist normal und überhaupt nicht schlimm. Ich komme später noch ausführlich auf Aggressionen und den Umgang mit ihnen zurück (S. 136).

Zurück zu unserem Hund, der sein Fleischfutter mit Gusto verteidigt. Schnell wird assoziiert: »Hat er einmal Blut gerochen, will er mehr Blut haben!« Und dann? Dann tötet er in Zukunft alles Leben, das ihm in die Quere kommt?

Nun stellen Sie sich einmal vor, Sie äßen ein Tartarbrötchen, entweder ein feines mit Carpaccio vom Rind oder ein ganz gewöhnliches Zwiebelmettbrötchen, in beiden Fällen rohes Fleisch. Gehen Sie am nächsten Tag durch die Stadt und beißen wildfremden Menschen Fleischstücke aus dem Oberarm? Sind Sie jetzt »scharf« geworden? Selbst wenn Sie so etwas täten, könnten Sie wohl kaum dem Mettbrötchen die Schuld an Ihrem Verhalten geben!

Alles in allem ist es wirklich erstaunlich, wie sehr wir uns von einer natürlichen Hundehaltung und Hundeernährung entfernt haben. Dennoch sind Begriffe wie »Naturschutz« und »natürliche Ernährung« in aller Munde. Wir sind über die Zusammenhänge von Ernährung und Gesundheit und die zentrale Rolle, die naturbelassene Rohprodukte dabei spielen, informiert. Es wäre so einfach, dieses Wissen auch auf die Hundeernährung zu übertragen – doch dort sehen wir vor lauter Bäumen den Wald nicht mehr.

Der heutige Hund hat einen anderen, höheren Stellenwert als jemals zuvor in unserer gemeinsamen Geschichte. Die rasanten Veränderungen unserer eigenen sozialen Strukturen (Beispiel Familie) haben den Hund zu einer Art Partner, einem Ersatzmenschen also, gemacht.

Wünschenswert wäre es, dies im Umgang mit Hunden, ob nun seitens ihrer Halter oder seitens derjenigen, die an den Haltern verdienen, zu bedenken und das eigene Handeln immer wieder mal kritisch unter die Lupe zu nehmen.

ERZIEHUNG

ERZIEHUNG – WAS IST DAS?

Im Allgemeinen versteht man unter Erziehung soziales Handeln, das bestimmte Lernprozesse bewusst, also willentlich, herbeiführen und unterstützen will. Durch den Erziehungsprozess sollen relativ dauerhafte Veränderungen des Verhaltens erreicht werden, die wiederum bestimmten, vorher festgelegten, Erziehungszielen entsprechen.

Was aber sind unsere Erziehungsziele? Sind wir uns darüber wirklich im Klaren? Wollen wir den Hund in seinen natürlichen Anlagen nicht nur nicht behindern, sondern ihn darin auch noch unterstützen und fördern? Bestimmte Begabungen bringt fast jeder Hund schon mal mit. Soll er beispielsweise, seiner Genetik gehorchend, ein wirklich ausgezeichneter Jäger werden, der die gesamte Jagdsequenz vom Orten über das Hetzen bis hin zum Packen und Töten perfekt beherrscht? Das wollen Sie nicht? Das wäre Ihnen zu anstrengend?

Ehrlich gesagt, mir auch.

Also gehört ein gewisses Maß an Reglementierung zur Hundeerziehung dazu. Das Erlernen einer Orientierung am Menschen, denn SIE wollen derjenige sein, der angesichts eines plötzlich auftauchenden Rehs »Nein!« sagt und einigermaßen sicher sein kann, dass es von Ihrem Hund auch als ein »Nein« wahrgenommen wird. SIE wollen einen für beide Seiten verbindlichen Rahmen abstecken, in dem Erlaubtes und Nichterlaubtes deutlich definiert sind.

Aber stimmt es überhaupt, dass Erziehung ein bewusster Prozess mit klar definierten Zielen ist? Ist es nicht vielmehr so, dass sich Erziehung vierundzwanzig Stunden am Tag abspielt? Allerdings nicht bewusst, sondern meist unbewusst. Unsere Hunde haben viel Zeit und noch dazu ein ausgesprochenes Talent dafür, uns zu beobachten und ihre Schlüsse daraus zu ziehen. Bin ich ein eher nachgiebiger Mensch, dem es schwerfällt, eigene Wünsche zu formulieren und anderen Grenzen zu setzen, wird das mein Hund vermutlich als Allererster merken. Und welche Schlüsse wird er daraus ziehen? Vermutlich den, dass er seine Grenzen erfolgreich und stetig erweitern kann. Erlebt mein Hund mich als überwiegend nachgiebig und manipulierbar, wird das plötzliche Einfordern eines Gebots (»Komm!«) von ihm nicht ernst genommen oder zumindest erst sorgfältig daraufhin überprüft, ob es auch wirklich ernst gemeint ist. Das ist eine intelligente Herangehensweise, die dem Hund mögliche Vorteile, Lücken und Möglichkeiten offen hält. Und unsere Hunde sind immer auf der Suche nach Vorteilen. Wer will ihnen das verdenken!

Hunde sind Opportunisten. Hunde sind Schleimer. Natürlich nicht alle, ganz besonders nicht der eigene. Kann ja gar nicht sein, so treu wie der guckt!

Kann gar nicht sein? Vielleicht doch?

Legen wir die sozialen Strukturen von Menschen und Hunden übereinander, entdecken wir verblüffende Übereinstimmungen. Warum aber überrascht uns das? Opportunistisches Verhalten zielt darauf ab, einem Einzelnen kurzfristige oder auch langfristige Vorteile zu verschaffen. Es ist ebendieser Opportunismus, der es dem Hund über die Jahre ermöglicht hat, in die Häuser der Menschen einzuziehen. Dort angekommen, ist es ihm gelungen, noch einen Schritt weiterzugehen: Er hat unsere Sofas und Betten erobert. Er hat es geschafft, nicht mehr arbeiten zu müssen. Stattdessen liegt er den ganzen Tag faul auf dem Kanapee ausgestreckt und wartet darauf, dass sein von der Arbeit erschöpfter Mensch nach Hause zurückkehrt, um sich um ihn zu kümmern. Es ist ihm gelungen, nur zum besten und damit meist auch teuersten Tierarzt der Stadt zu gehen. Er bekommt zwar kein optimales, dafür aber ein sündhaft teures Futter vorgesetzt. Um ihn darüber hinaus noch zusätzlich zu erfreuen, besuchen wir mit ihm gemeinsam professionelle und ebenfalls teure Einrichtungen, wo man es wirklich gut mit ihm meint. Diesen Luxus, den leisten wir uns. Da sparen wir lieber woanders, essen im Schnellimbiss und schauen TV-Konserve statt uns eine richtige Oper live anzuhören. Verdrehte Welt!

Für diesen sozialen Aufstieg beim Menschen muss der Hund nicht viel tun. Was aber könnte dann das Wenige wohl sein? Richtig! Er muss gelegentlich mal andeuten, dass er uns liebt und dass wir gebraucht werden. Schon hat unsere Mühe mit ihm einen Sinn, auch wenn uns das meist nicht bewusst ist. Doch kein Zweifel: es funktioniert.

Wir kommen abends von der Arbeit nach Hause und unser Hund freut sich, als hätte er uns seit Jahren nicht gesehen. Ein schönes Gefühl. Meine Frau und meine Kinder kommen bei meiner Rückkehr nicht mit solch unbändiger Wiedersehensfreude an die Tür gelaufen. Schade eigentlich.

Ich sitze auf dem Sofa und mein Hund legt sich mir zu Füßen. Rührend, meine Nähe hat ihm gefehlt, er braucht mich. Derweil haben meine Kinder nur eins im Sinn, sich trotz der späten Stunde noch einmal zu verabschieden, um sich mit Freunden zu treffen.

Wenn ich an dem wohlig auf dem Teppich ausgestreckten Hund vorbeigehe, schaut er mich mit treuen Augen an und wedelt ein wenig mit der Rute. Was für ein aufmerksamer Freund! Meiner Familie dagegen scheint meine Anwesenheit häufig gar nicht weiter aufzufallen. Verlasse ich das Haus, bedeutet mir mein Hund, dass jetzt für ihn eine ganz schlimme Zeit anbricht und er wirklich nicht weiß, wie er die paar Stunden ohne mich überleben soll. Meine Frau und meine Kinder dagegen kommentieren mein Gehen lediglich mit einem lapidaren Räuspern. Wie gut, dass es Hunde gibt!

Und doch nagt die ganze Zeit ein Zweifel an mir. Liebt er mich wirklich? Oder hat er nur gelernt, wie er meine Aufmerksamkeit, meine Zuwendung, wie er Futter und Spaß bekommt? Hat er beobachtet und sich gemerkt, was er tun muss, damit ich mich um ihn kümmere? Hat er gelernt, dass bei seiner schwanzwedelnden Begrüßung meine Hand automatisch auf ihn zusteuert und ihn streichelt? Dass er mir mit etwas Glück und aufgrund meines ohnehin schlechten Gewissens auch noch ein paar Leckerlis entlocken kann? Vielleicht geht sogar die Kühlschranktür auf, ein Wurstpaket knistert verheißungsvoll und ein ganzer Fleischstab versinkt in seinem Maul? Vielleicht ist er doch ein kleiner Schleimer? Fragen Sie Ihren Hund, ob er das alles macht, weil er Sie liebt – oder aus Eigennutz. Fragen Sie ihn, ob er sich opportunistisch verhalten hat oder ob ihn hehre Ziele und philosophische Werke dazu angetrieben haben, mir immer wieder aufs Neue zu versichern, wie sehr er mich liebt.

Könnten Hunde wie Menschen denken, erschiene jetzt eine Sprechblase über ihrem Kopf. Darin zwei Worte: »Mist! Durchschaut!«

Stellen Sie sich vor, Sie hätten eine große Firma und beschäftigten viele Leute. Morgens begrüßen Ihre Angestellten Sie mit einem übermäßig freundlichen Lächeln. Auch wenn Sie ihnen später im Laufe des Tages begegnen, werden Sie angelächelt. Einige Ihrer Angestellten suchen ganz bewusst Ihre Nähe und scheinen darauf zu hoffen, dass Ihnen der Radiergummi auf den Boden fällt. Fällt er tatsächlich, sind sie mit einem Satz zur Stelle, um ihn aufzuheben. »Käffchen, Chef?«, ertönt es aus der Küche, und wenn Sie die Tasse selber tragen möchten, wird Ihnen lächelnd versichert, man bringe sie schon, keine Ursache. Ein armer Chef, der jetzt denkt, seine Angestellten würden ihn lieben. Sie lächeln für mehr Geld, einen besseren Posten oder einfach nur, weil sie Sie gleich fragen werden, ob sie nachher etwas früher gehen können. Sie schleimen – oder vornehmer ausgedrückt: sie verhalten sich opportun.

Auch meine Kinder streichen mir manchmal freundlich schnurrend um die Beine und himmeln mich mit großen, schmachtenden Augen an. Ich sei der beste Vater der Welt und so lieb! Ob sie meinen Teller in die Spülmaschine stellen dürfen, höre ich noch. Kurz darauf verhandeln wir über den Rückgabetermin für die zehn Euro, die ich ihnen für den Abendspaß leihe.

Keine Frage, sie lieben mich!

Sie haben aber auch gelernt, wie sie sich verhalten müssen, wenn sie etwas haben möchten. Wenn sie länger als erlaubt bei Freunden bleiben wollen oder wenn ihnen das Geld für die Kinokarte fehlt. Manchmal möchten sie auch nur meine Aufmerksamkeit für eine gute Leistung in der Schule oder für die Begutachtung einer besonders coolen Klamotte. Die Parallelen zwischen Mensch und Hund liegen auf der Hand. Wahre Helden, die, ehrenhaft und kompromisslos gegen sich selbst, unbeirrt ihre Ideale verfolgen, sind sehr selten. Sie tragen Namen wie Winnetou oder Rin Tin Tin. Im wirklichen Leben allerdings sind sie kaum zu finden.

Wäre hingegen Liebe der Antrieb, stellt sich die Frage, weshalb meine Kinder ihre Schuhe nicht in den Schrank stellen und die Türen leise schließen. Seit achtzehn Jahren nicht. Sie wissen doch, dass ich mich freuen würde. Warum lässt Ihr Hund Sie am Waldrand stehen und geht erst einmal eine Runde Rehe hetzen, bevor er nach zwei Stunden glücklich und erschöpft zu Ihnen zurückkehrt? Sie hatten doch Angst um ihn? Warum bringt Ihr Hund Sie täglich in Verlegenheit und pöbelt entgegenkommende Hunde an? Lässt er Sie nicht vollkommen hilflos dastehen? Warum schnappt Ihr Hund nach Ihrem Bein, wenn er nicht an den anderen Hund herankommt? Sie haben doch Angst, oder? Warum »liebt« er Sie nur im Haus, draußen aber nicht? Weil es im Haus nichts Besseres gibt, draußen aber wohl?

Empfindliche Seelen könnten jetzt vermuten, mein Menschen- und Hundebild sei ziemlich angekratzt und es habe sich über die Jahre eine nicht unerhebliche Frustration aufgestaut. Ich kann Sie beruhigen. Ich mag Menschen und ich mag Hunde. Ich mag auch die Gefühle zwischen Menschen und Hunden. Diese Gefühle sollten einen aber nicht dazu verleiten, sich in Hunden zu täuschen – Gleiches gilt auch für Kinder.

> Beide sind egoistisch motiviert und wollen so viel Raum wie nur möglich im gemeinsamen Leben einnehmen. Um ihre egoistischen Ziele zu erreichen, gehen sie strategisch vor.

Was muss ich tun, um an die Wurst zu kommen? Wie kriege ich es hin, dass ich trotz der morgen anstehenden Mathearbeit heute noch bis in die Puppen ausgehen darf? Wie also gehe ich am besten vor, um ein bestimmtes Ziel zu erreichen?

Sie kennen doch sicherlich kleine Mädchen, die mit schräg gehaltenem Kopf zu einem aufschauen, dabei die Hände vor dem Körper verschränken und den Oberkörper kokett hin- und herdrehen? Ist das nicht wirklich süß? Und schmelzen wir nicht sofort dahin?

Bekommt die Kleine dann nicht auch, was sie von Ihnen möchte? Als sie zum ersten Mal so zu Erwachsenen aufschaute, war es einfach nur süß. Ihr selbst allerdings war es kein bisschen bewusst, wie süß sie war. Beim zweiten Mal hatte sie bereits etwas dazugelernt – genau wie unser kleiner Welpe. Wenn der Mensch in hoher Tonlage quietschende Begeisterungslaute von sich gibt und dabei auch noch Leckerlis vom Himmel fallen – wird er sich dann nicht sobald wie möglich erneut so verhalten?

Warum aber schauen kleine Kinder und kleine Hunde häufig mit schräg gehaltenem Kopf zu uns auf? Weil sie uns so perspektivisch besser erfassen können, nämlich als einen Menschen mit zwei Armen, zwei Beinen und einem Kopf. Noch sind ihre Sinnesleistungen nicht vollständig entwickelt. Würden sie mit gerade gehaltenem Kopf aufschauen, hätte ihr Gegenüber nur einen Kopf und einen halben Oberkörper. Es ist also eher eine physiologische Frage. Wir Erwachsenen werten diese Körperhaltung dann als niedlich, nicht aber der Hund oder das Kind. Sie glauben gar nicht, wie schnell man so etwas lernen kann!

Hunde wissen nicht nur, wie sie etwas bekommen, sie loten auch ganz gerne ihre Grenzen aus. Häufig aber erfahren besonders kleine Hunde keine Grenzen – oder nur solche, die man mit wenig Mühe überschreiten kann.

Als ich eine Kundin zu Hause besuchte, um mit ihr über die Erziehung ihres Hundes zu sprechen, spielte ihre dreijährige Tochter Ann-Kathrin im Nebenzimmer. Während unseres Gesprächs fing das Mädchen an, mit dem Lichtschalter zu spielen. Klick-klack. Klick-klack.

»Ann-Kathrin, hörst du bitte auf, mit dem Schalter zu spielen?«, bat die Mutter freundlich und lächelte mir beruhigend zu. Das Klick-Klack aus dem Nebenzimmer wurde einen Tick schneller und einen Tick lauter. Die Tonlage der Mutter dagegen blieb unvermindert freundlich, als sie säuselte: »Ann-Kathrin, bihitte hör jetzt auf, mit dem Lichtschalter zu spielen.« Klick-Klack, Klick-Klack, Klick-Klack, Klick-Klack ertönte es stakkatoartig aus dem Nebenzimmer. Noch immer auf die vermeintlich pädagogisch so wertvolle Freundlichkeit bedacht, steigerte die Mutter ihre Bitte zu einer Art Hymne: »Ann-Kathrin, Mahama hat bihihiitte gesagt! Lahass den Lichtschalter in Ruhuhe.« Mittlerweile erinnerte das Klick-Klack aus dem Nebenzimmer an die Salven eines Maschinengewehrs. Das Kind lachte. Weitere Bittversuche seitens der Mutter folgten. Plötzlich aber, von einer Sekunde zur anderen, sprang sie auf, stürzte zu Ann-Kathrin, packte diese am Oberarm, zerrte sie über den Flur und sperrte ihre Tochter im Kinderzimmer ein. Nun hörte ich Wortfetzen wie ... Mama nicht mehr lieb ... und ... wenn Papa nach Hause kommt ...

Was zu Hause nicht klappt ...

Die beschriebene Szene ist typisch für pädagogisch überambitionierte Eltern, die ihren Kindern beispielsweise erst beim Italiener beibringen wollen, dass man die Spaghetti nicht durch die Nase rein und aus dem Mund wieder raus ... Sie wissen schon.

Was ging in Ann-Kathrins Mutter vor? Weshalb ist sie so unvermittelt ausgerastet? Warum hat ihre Tochter nicht getan, was sie sollte? Schließlich wusste Ann-Kathrin, was aufhören bedeutet. Ihr war aber nicht nach aufhören. Die Mutter wiederum war tief enttäuscht darüber, dass ihr Kind ihrer freundlichen Aufforderung nicht nachgekommen ist und wurde deshalb wütend. Die dann folgende Bestrafung war um einiges härter, als es eine beizeiten sinnvolle und der Situation angemessene Handlung hätte sein müssen. Die Mutter hätte mehrere Möglichkeiten gehabt, mit der Situation angemessen umzugehen. Sie hätte Ann-Kathrin einfach nicht beachten können und hätte damit möglicherweise Erfolg gehabt. Sie hätte das Kind einmal richtig durchkitzeln und so die Situation entspannen können. Sie hätte auch die Möglichkeit gehabt, es Ann-Kathrin ganz einfach zu verbieten. Wegen der Stromkosten, wegen der Gefahr – oder ganz einfach nur, weil es nervt. Das darf man! Nur muss man dann seine »Bitte« auch so formulieren, dass sie verstanden wird. Man muss sie also eindeutig formulieren.

Eindeutig heißt, dass Reden und Handeln deckungsgleich sind und nicht etwa sich widersprechende Signale aussenden.

Wenn die bemüht freundliche Stimme bereits vor Wut und Enttäuschung bebt, kann die Aussage weder sachlich noch freundlich sein. Gespielte Freundlichkeit ist keine Freundlichkeit und wird vom Gegenüber auch nicht so wahrgenommen.

Zurück zu Ann-Kathrin. Ein auch von der Tonlage eindeutiger Appell »Ann-Kathrin, lass das Spielen mit dem Lichtschalter!« klingt nicht nach pseudofreundlicher Bitte, sondern nach dem, was es ist: Eine ernst gemeinte Aufforderung.

Ernst gemeint heißt genau das: ernst. Also ruhig und bestimmt – und nicht wütend und keifend.

Kinder müssen Fragen stellen, um sich selbst auszuprobieren und ihre Grenzen auszuloten. Das ist nicht nur normal, das ist für eine gesunde Entwicklung zwingend notwendig. Kinder lernen den Umgang mit ihresgleichen und mit Erwachsenen erst kennen. Und wo gehobelt wird, fallen bekanntlich auch Späne.

Soziale Exploration – wer bin ich, wie weit kann ich gehen, wo sind meine Grenzen, ab wann verletze ich die Grenzen anderer – geht immer auch mit Reibung einher. Einverständnis und Harmonie fallen nicht vom Himmel, sondern sind häufig nur mittels einer Auseinandersetzung überhaupt erst zu erreichen. Kompromisse müssen gefunden werden, Interessen werden abgeglichen. Das hat nicht selten mit zurückstecken zu tun und damit, etwas auch mal nicht zu bekommen.

Ann-Kathrin hatte nur versucht, ihre Grenzen auszuloten. Diese schienen zunächst ausgesprochen dehnbar. Aus Ann-Kathrins Sicht war es nicht erkennbar, dass die dann doch aufgezeigte Grenze so plötzlich auftreten und so heftig eingefordert werden würde. Ihre Mutter hat sich in ihrer vermeintlichen Freundlichkeit eben gerade *nicht* mit ihrem Kind auseinandergesetzt, sondern das Mädchen nur um des pädagogischen Anspruchs willen nicht wirklich ernst genommen. Dann die plötzliche und unangemessen heftige Reaktion – war das fair? Hat das Verhalten der Mutter dem Kind die Chance eingeräumt, etwas zu lernen? Oder war das, was Ann-Kathrin hier gelernt hat, lediglich die Einsicht, dass die Welt und insbesondere ihre Mutter unberechenbar sind?

Der Fall Ann-Kathrin verdeutlicht, dass immer nur nett sein gar nicht so nett ist. Nämlich dann, wenn die Wut des enttäuschten Gegenübers den weiteren Verlauf dieses nur scheinbar auf Augenhöhe geführten »Gesprächs« bestimmt. Bei Hunden ist es nicht anders. Auch bei Hunden handelt es sich hier um einen pädagogischen Irrweg – einen Irrweg mit häufig fatalen Folgen. Dabei beginnt doch hier, mitten im Konflikt, erst die eigentliche Erziehung.

Anstatt das Bedürfnis des Explorierens, ob nun von Kindern oder von Hunden, zu ignorieren oder bereits im Vorfeld zu neutralisieren, sollten wir uns als Eltern oder als Hundehalter gerade auf diese Zeit besonders freuen. Hier setzen wir uns unmittelbar zu unserem Gegenüber in Bezug – also in Beziehung. Hier gilt es, Persönlichkeit zu zeigen und sich seinem Gegenüber erkenntlich zu machen. Hier können wir all das, was eine gute Beziehung ausmacht, in die Tat umsetzen: Liebe, Verantwortung, Fürsorge, Verständnis.

Als Sozialpartner muss ich darauf gefasst sein, dass mir Fragen gestellt werden – also auch, dass ich selbst infrage gestellt werde. Ebenso gefasst muss ich darauf sein, diese Fragen zu beantworten. Mit Freude, mit Verve, mit Lust. Und nicht mit Ärger darüber, dass mein Gegenüber gegen die Regeln verstößt – dicht gefolgt von der Enttäuschung und der festen Überzeugung, dass dieses Gegenüber mich ganz offensichtlich nicht liebt.

Wenn ich aktiv die Erziehung meines Hundes gestalten möchte, muss ich nicht nur handlungsfähig sein wollen – ich muss handlungsfähig sein. Aber nicht rigide, nicht nach Rezepten und Anweisungen, sondern aus Lust am Leben. Als Partner, als Reibungspunkt, als ernst zu nehmendes Gegenüber.

Das Beispiel Ann-Kathrin weist durchaus Parallelen zu Hunden auf Ein sechs Monate alter Hund, ein Junghund also, lernt bereits seit Wochen das Kommando »Sitz« und weiß also, was »Sitz« bedeutet. Nun steht sein Halter vor dem Hund und spricht ihn mit Namen an.

Der Hund reagiert und schaut zu ihm auf. Wie süß! Jetzt sagt der Halter mit obligatorisch erhobenem Zeigefinger: »Sitz!« zu seinem Hund. Der Hund, ganz keck, sagt: »Nö!« Der Hund sagt natürlich nichts, aber sein Blick sieht so aus, als könnte er es gesagt haben. »Siiitz!« fordert der Halter ihn erneut und mit etwas mehr Nachdruck auf. Vom Hund kommt, ebenfalls mit etwas mehr Nachdruck: »Nöhö!« So geht es noch einige Male hin und her. Es sieht ganz so aus, als hätte der kleine Kerl zusehends mehr Spaß an der Sache, während sein Halter im Gegenzug immer genervter und frustrierter wirkt und darüber zu grübeln scheint, weshalb sein Hund nicht tut wie geheißen. Nach kurzer Überlegung holt er ein Leckerli aus der Tasche. Kaum hat er »Siii ...!« gesagt, sitzt sein Hund bereits stramm auf dem Hintern und sieht schwanzwedelnd zu ihm auf. Ach so geht das also!

Ein anderes Beispiel. Sie gehen mit Ihrem Hund spazieren. In der Hundeschule haben Sie gelernt, wie man einem Hund das Herankommen beibringt. Man ruft hellauf begeistert und mit quietschender Stimme »Hiiiiiier!« Kommt der Hund, wird er für seine Zuverlässigkeit ebenso zuverlässig mit einem Leckerli belohnt. Das nun wird wochenlang wiederholt und »eigentlich« klappt es auch sehr gut. Eigentlich! »Eigentlich« ist eine ganz besonders heile kleine Wunderwelt. Eine Welt, in der es keine Hasen, Rehe oder Kaninchen gibt. In ihr fliegen keine Vögel, hasten keine Jogger vorbei, und Radfahrer oder Skater, die gibt es schon gar nicht. Keine angeknabberten Hamburger liegen herum und kein Pferd lässt seine Äpfel für alle sicht- und riechbar mitten auf den Weg fallen. In dieser Welt gibt es keine anderen Menschen – und andere Menschen mit Hund, die gibt es schon gar nicht.

In dieser kleinen, lebensfernen Welt klappt auf dem Hundespaziergang alles ganz ordentlich, was dem Hund zuvor beigebracht worden war. Sie rufen Ihren Hund – und er kommt! Doch die Pförtner des kleinen Paradieses »Eigentlich« sind ziemlich schlampig. So kommt es vor, dass sich ein anderer Hund, der hier *eigentlich*

überhaupt gar nichts zu suchen hat, hereingemogelt hat. Er geht nun genau dort spazieren, wo Sie mit Ihrem Hund unterwegs sind. Und nicht nur das, er pinkelt auch noch gegen einen Baum!

Ihr kleiner Spatz, der gerade in die Pubertät kommt und hormonell etwas unausgeglichen ist, inspiziert wenig später diesen Baum und saugt sich mit seiner Nase regelrecht daran fest. Sie rufen ihn so, wie Sie es in Ihrer Hundeschule gelernt haben: »Hiiier!« Der kleine Kerl zeigt nicht den Anflug einer Reaktion. Sie tun das, was Menschen nach einem misslungenen Versuch nur zu gerne tun: Sie wiederholen das, was sie gerade zuvor erfolglos getan haben, nun mit etwas mehr Nachdruck und rufen: »Hiiiier!« Ihr süßer kleiner Hund hebt aufgrund der Ruhestörung immerhin schon mal den Kopf, blickt Sie leicht angeödet an und wenn er einen Mittelfinger hätte, würde er ihn vermutlich benutzen. Sie, die Sie Ihren Hund kennen, dekodieren in Windeseile seinen Blick: »Du, ich kann jetzt nicht kommen. Ich habe gerade etwas Wichtigeres zu tun!« Sie knistern mit der Leckerlitüte und laufen, genau wie Sie es gelernt haben, in die entgegengesetzte Richtung und verstecken sich hinter einem Baum. Der Hund reagiert immer noch nicht. Wieso in aller Welt kommt er denn jetzt nicht?

Er hat es doch gelernt!

Sie haben Geld, Zeit und Mühe in seine Ausbildung gesteckt. Er befolgt doch sonst immer zuverlässig Ihr Rufen. Was also ist los?

Er hat etwas Interessanteres gefunden als Sie! Und er ist zu der Überzeugung gelangt, dass Sie, auch sonst gerne verständnisvoll und eher biegsam, ihm diese klitzekleine Abweichung von der Norm sicherlich nachsehen werden. Bestimmt wollen Sie, dass es ihm gut geht. Sie sind sein Kumpel, Sie verstehen ihn. Geht schließlich nur um schlappe fünf Minuten, nicht der Rede wert. Oder wollen Sie wirklich so hart und kleinkariert sein und jetzt wie eine alte Gouvernante ermahnend auf die Uhr blicken?

Das erinnert mich an unseren damals vierjährigen Sohn, den ich häufig mittags aus dem Kindergarten abholte. Wenn ich kam, wurden schnell die Sachen zusammengesucht, die Schuhe angezogen, die Jacke übergeworfen und ab nach Hause. Schuhe anziehen? Das war bei den anderen Kindern ein tägliches Drama, eine Tragödie oder, je nach Befindlichkeit, auch eine Posse. »Jan-Philipp, sei so lieb und zieh dir bitte deine Schuhe an«, säuselte Jan-Philipps Mutter. Mit hundertprozentiger Sicherheit ertönte daraufhin von den meisten Kindern: »Nööööh, willnich!« oder »Näääh, kannnich«. Nach der allseitigen Verweigerung begannen die Eltern ausgiebig zu begründen, weshalb nun die Schuhe angezogen werden mussten. Das Essen stünde auf dem Herd, die Zeit sei knapp, die Mama müsse noch arbeiten. Man hatte den Eindruck, eine Mischung aus Klettverschlüssen, Schnürsenkeln und Gummistiefeln bestimme das ganze Leben. Anfangs lief es bei unserem Sohn noch ganz gut. Wenige Worte reichten und die Schuhe waren angezogen. Doch je länger unser Kind im Kindergarten war, je zäher gestaltete sich der Abholvorgang. So kam es dann, wie es kommen musste, und ich hörte eines Tages neben mir seine kleine Stimme quäken: »Nääääh! Willnich!«

Der Schweiß brach mir aus. In Bruchteilen von Sekunden ließ ich die letzten Jahre des Kindes in Gedanken Revue passieren, während mein Lächeln bereits zu einer Maske erstarrt war. Eine einzige Frage hing dräuend im Raum: »Was haben wir nur falsch gemacht? Warum nur zieht er sich seine Schuhe nicht an?«

Gleichzeitig musste ich innerlich grinsen. Ich nahm den kleinen Jungen an die Hand, mit der anderen packte ich seine Schuhe und die Jacke und sagte: »Okay.« Dann ging ich los. Mein Sohn, nur mit Socken an den Füßen, schrie vor Wut und ließ sich strampelnd zu Boden fallen. Die Demonstration seines Protests war so überzeugend, dass das Personal und die anwesenden Eltern sich wohl spontan zu einer Vereinigung gegen Kindesmissbrauch zusammengeschlossen hätten, hätte ihr entsetztes Erstaunen ein Handeln noch zugelassen.

Mit dem Kind am Arm schaffte ich es gerade noch zur Tür hinaus auf den Gehweg, wo mir ganz unerwartet Hilfe zuteil wurde. Eine

Lernhilfe für mein Kind, wie ich sie besser nicht hätte gestalten können: Schneematsch! Immer noch wütend und schreiend und immer noch nur auf Socken machte mein Sohn die Erfahrung, dass Schneematsch nass und sehr kalt ist.

Als ich am nächsten Tag mein Kind abholte, schlug mir immer noch Abscheu und Unverständnis seitens der Erwachsenen entgegen, gelegentlich auch mitleidige Blicke, die mir signalisierten, sie hielten mich zwar nicht unbedingt für einen schlechten Menschen, aber für pädagogisch eindeutig überfordert. Mein Sohn aber kam mir mit Schuhen an den Füßen lachend entgegen und rief übermütig: »Erster!«

Die anwesenden Erzieher und Erziehungsberechtigten machten immer noch Miene, ich hätte alles, aber auch alles falsch gemacht und müsse wohl mit Spätschäden bei meinem Kind rechnen.

Was soll ich sagen?

Niklas ist heute achtzehn Jahre alt und handscheu. Darüber hinaus hat er eine schwere Schuhphobie entwickelt und leidet unter Pickeln. In einer Gruppe von Kleinkindern und ihren Erziehern läuft er grundsätzlich nur barfuß. Armes Kind!

Sich in Hunden und Kindern nicht zu täuschen, halte ich für eine Mindestvoraussetzung, um eine sinnvolle Erziehung und eine gedeihliche Beziehung zu formen.

Eigentlich sollte man Spaß daran haben, wenn Kinder und Hunde anfangen, ihre Grenzen abzustecken und auch ihre soziale Umgebung zu erkunden.

Wenn sie »opportun« handeln oder durch Nichtbefolgen von vertretbaren Forderungen, also beispielsweise sich vorm Hinausgehen die Schuhe anzuziehen, sich verweigern und so ihre Ziele zu erreichen versuchen. Das gehört dazu. Selbst aggressive Verhaltensweisen, die im Verlauf des Buches noch ausführlich besprochen werden, sind ein unabdingbarer Bestandteil sozialer Exploration – nur dass er sich nicht mit unseren heutigen Erwartungen an und unseren praktischen Vorstellungen von Erziehung deckt. Ich habe des Öfteren den Eindruck, als ob wir uns von etwas ganz Einfachem immer weiter wegbewegen und die so entstandene Lücke auch noch mit pädagogisch klangvollen, hochwertigen Namen bedenken.

ERZIEHUNGSZIELE

Was sind denn nun unsere Erziehungsziele beim Hund? Dass er sich auf Kommando hinsetzt, hinlegt, liegen bleibt oder auf Zuruf herbeieilt? Wenn ein Hund sich ohne zu überlegen sofort nach der Aufforderung »Sitz!« hinsetzt – ist er dann nicht gut erzogen? In den Köpfen vieler Menschen hat sich die Vorstellung festgesetzt, ein Hund, der Sitz-Platz-Fuß kann, der ist auch gut erzogen. Keine Frage, es gibt viele Hunde, die diese Kommandos perfekt beherrschen und in der Tat gut erzogen sind. Es gibt aber auch Hunde, die diesen Aufforderungen ebenso prompt nachkommen – und dennoch nicht gut erzogen sind. Wie das?

Die Denkweise, die viele von uns glauben lässt, ein Hund, der Sitz-Platz-Fuß beherrscht, sei zwingend auch gut erzogen, entspringt den Anfängen des Diensthundewesens im Königreich Preußen. Um 1900 herum entwickelte und verfasste ein gewisser Konrad Most die »Preußische Prüfungsordnung für Diensthunde«. Anfänglich waren ausschließlich Diensthunde und ihre Hundeführer dieser Prüfungsordnung unterworfen. Schon bald aber zeigten auch Privatpersonen Interesse an einer Sportart mit Hunden, die sich bis heute erhalten hat: dem Schutzhundesport. Nach dem Zweiten Weltkrieg und mit zunehmendem Wohlstand breiter Bevölkerungsschichten stieg das Interesse an dieser Sportart auch unter Laien sprunghaft an. Das Bild dieser gehorsamen Hunde, die Prüfungen zu bestehen hatten, wurde zum Inbegriff des gehorsamen und somit gut erzogenen Hundes schlechthin. Fortan ging der normale Hundehalter mit seinem Hund auf den »Hundeplatz«, um ihn dort zu erziehen. Die Diensthundeprüfung gliedert sich bis heute in die drei getrennt zu prüfenden Bereiche: die Unterordnung, den Schutzdienst und die Fährtenarbeit.

Der Prüfungsteil »Unterordnung« schrieb gewisse Schrittfolgen und Formen vor, die der Hundeführer gemeinsam mit seinem Hund ableisten musste – unter anderem Sitz, Platz, Fuß und Hier. Aus diesem Prüfungsteil der Diensthundeprüfung ist später eine Prüfung entwickelt worden, die teilweise heute noch auf der Basis der Diensthundeausbildung abgeleistet wird: die Begleithundeprüfung. Wieder erweckte die bestandene Prüfung den Eindruck, der Absolvent sei per se gut erzogen. Inhalt und Form der Begleithundeprüfung fußen also auf einem militärischen Hintergrund.

So wird das »Sitz!« nicht selten mit Kommandostimme eingefordert und anschließend geht es auch heute noch zuweilen im Stechschritt los, es werden im 90°- oder auch 180°-Winkel die Richtungen gewechselt und das Adjektiv »zackig« beschreibt die Atmosphäre recht treffend. Tatsächlich können auch auf diese Art und Weise ausgebildete Hunde gut erzogen sein. Doch nur, weil sie die Prüfung erfolgreich bestanden haben, sind sie es noch lange nicht.

Beim Thema Begleithundeprüfung taucht regelmäßig Frau W. in meiner Erinnerung auf. Sie hatte mit mir einen Termin in der Hundeschule vereinbart, weil ihr Hund, ein recht kräftiger Labradorrüde, sich aggressiv gegen andere Hunde verhielt – und zwar sowohl an der Leine als auch im Freilauf.

Zum vereinbarten Termin erschien sie in der Hundeschule und parkte weit hinten auf dem Parkplatz. Aus der Entfernung beobachtete ich sie dabei, wie sie den Hund aus dem Auto holte. Die Leine hatte sie gerade am Halsband befestigt, als der Hund energisch und unter Einsatz all seiner Kräfte in meine Richtung losstürmte. Völlig enthemmt zog er dabei seine Halterin hinter sich her, die Mühe hatte, nicht hinzufallen. Die eine Hand an der Leine, die andere auf dem Kopf, um den Hut zu sichern – so brausten die beiden an mir vorbei in Richtung eines kleinen Baches, der durch unser Grundstück führt. Gerade noch rechtzeitig konnte sich die Frau am Brückengeländer festklammern. Erschöpft und nach Atem ringend blickte sie mich an und sagte: »Wir haben aber die Begleithundeprüfung gemacht. Wirklich!« Ich kam mir ein bisschen vor wie in einem Loriot-Film, als ich mich sagen hörte: »Ach was!«

Im Laufe der Zeit hat sich das Bild der meisten Hundeplätze jedoch stark verändert. Der Formationstanz auf raspelkurzem Rasen hat viel an Popularität eingebüßt. Selbst dort, wo die militärischen Grundformen zum Teil erhalten geblieben sind, hat sich der Umgang mit dem Hund den heutigen Erziehungstrends angepasst. Doch trotz veränderter Umgangsformen hat sich eine aus der damaligen Zeit stammende Auffassung bis heute erhalten: Sitz, Platz, Fuß und Hier – damit ist der Hund erzogen.

Warum stimmt das nicht? Warum haben so viele Halter mit ihren Hunden hart gearbeitet, anschließend gemeinsam eine Prüfung bestanden und am Ende ihr Problem immer noch nicht gelöst? Zugegeben, manchmal zieht der Hund nicht mehr so heftig an der Leine, geht ganz passabel bei Fuß und kommt sogar auf Zuruf. Allerdings nur mittwochs und samstags, jeweils am späten Nachmittag – auf dem (eingezäunten) Hundeplatz nämlich! Und wenn ein Trainer mit dabei ist. Auf seinen sonstigen Ausflügen aber pöbelt der Hund immer noch wie gehabt alle Artgenossen schon von Weitem an. Schade eigentlich!

Was also wollen wir, wenn wir unseren Hund erziehen? Unsere Hunde sollen sich in der Umwelt, in der wir leben, sicher verhalten und weder sich noch andere gefährden. Dazu müssen sie heutzutage sozialverträglich sein.

Man unterscheidet in der Erziehung von sozialen Lebewesen, wie Menschen und Hunde es sind, zwischen primären und sekundären Tugenden. Bei der Kindererziehung achten wir darauf, dass die Kinder lernen, gerade am Tisch zu sitzen und die Ellenbogen nicht aufzustützen, das Besteck in die richtige Hand zu nehmen und nicht ständig dazwischenzureden.

Und nun? Ist ein Kind, das diese Dinge perfekt beherrscht, auch gut erzogen? Möglich ist es, zwangsläufig ist es aber nicht. Aufrecht am Tisch zu sitzen und die Ellenbogen nicht aufzustützen sind *sekundäre Tugenden.* Es ist schön, wenn sie beherrscht werden, aber wirklich wichtig sind sie nicht.

Wirklich wichtig dagegen ist, dass die Kinder die Oma nicht vom Fahrrad schubsen und dem jungen Kätzchen nicht die Augen ausstechen. Das sind *primäre Tugenden.*

Das soziale Verhalten muss in der Erziehung für unsere Lebensumstände entwickelt und behutsam und gleichzeitig eindeutig geformt werden.

Es ist legitim, diesen Ansatz bei Menschen und Hunden zu vergleichen. Ist ein sich formal gut benehmender Mensch, vielleicht noch mit akademischen Würden und Doktortitel, auch dann noch gut erzogen, wenn er außerhalb dieser Bereiche andere Menschen oder auch Tiere regelrecht fertigmacht?

Ist ein mit einer Prüfungsurkunde dekorierter Hund unserer Gesellschaft auch dann noch förderlich, wenn er außerhalb des Hundeplatzes seine Umwelt in gefährdender Weise bedroht oder gar angreift?

Sitz, Platz, Fuß sind zunächst einmal lediglich formale Verhaltensweisen, die nicht unbedingt mit sozial akzeptablem Verhalten deckungsgleich sein müssen.

Denken wir an Straßenhunde in Rumänien oder in anderen Ländern, in denen es noch Straßenhunde gibt. Sie alle kennen kein Sitz, kein Platz, kein Fuß und schon gar kein Hier. Und doch wissen sie alle ganz genau, was sie dürfen und was nicht. Sie wissen, was in ihrer Hundegruppe sozial richtig und was sozial falsch ist.

Sie könnten nun den Eindruck gewinnen, als verteufle ich diese sekundären Tugenden. Mitnichten! Nur verwechseln sollte man sie nicht.

Ein Hund lernt sehr schnell, was Sitz, Platz, Fuß und Hier bedeutet. Mit einem Stückchen Futter ist es so gut wie jedem Hund schnell beigebracht. Bei übersättigten Hunden oder solchen, die nicht verfressen sind, kann es etwas länger dauern oder man findet einen anderen Weg. Auch ein dreijähriges Kind lernt schnell, was mit Ellenbogen vom Tisch nehmen gemeint ist. Platz beim Hund ist ein Verhalten. Die Ellenbogen vom Tisch nehmen ist auch ein Verhalten. Weil wir in der Folge noch ausführlich auf das Lernen eingehen werden, überspringe ich einige Aspekte und behaupte, dass Hund und Kind das jeweilige Verhalten über eine Form der Belohnung erlernt haben. Machte der Hund Platz, bekam er Futter oder wurde gestreichelt. Waren die Ellenbogen vom Tisch, wurde das Kind verbal gelobt oder gestreichelt. Ganz am Rande: Dem Kind aber in dieser Situation ein Gummibärchen anzubieten, wäre wohl kaum jemandem in den Sinn gekommen – oder doch?

Betrachtet man beide Handlungsweisen isoliert, so geht es bei beiden um nichts wirklich Wichtiges. Nach den dann notwendigen ausreichenden Wiederholungen gehen wir davon aus, dass Hund und Kind den formalen Inhalt der jeweiligen Aufforderung, also das gelernte Verhalten zu zeigen, begriffen haben. So weit, so gut.

Im weiteren Verlauf der Beziehung zwischen Mensch zu Hund beziehungsweise zwischen Eltern und Kind kommt es zu gewissen Reifungsprozessen bei Hund und Kind. Nehmen wir Letzteres als Beispiel. Kennen Sie den Blick eines kleinen Kindes, das sehr wohl die Bedeutung von »Ellenbogen vom Tisch« kennt, stattdessen aber mit der Fragestellung kokettiert: »Muss ich das wirklich? Was passiert, wenn ich es nicht tue?« Sie erinnern sich noch an Ann-Kathrin? Sich der formalen Forderung (»Ich soll aufhören mit dem Lichtschalter zu spielen«) bewusst, werden soziale Fragen gestellt (»Muss ich wirklich aufhören, mit dem Lichtschalter zu spielen? Oder muss ich es vielleicht doch nicht?«).

Das Lernen von formalen Verhaltensweisen – wie benehme ich mich korrekt – wird hier von sozialem Lernen abgelöst – welches Verhalten ist in der Gruppe oder Gemeinschaft angemessen beziehungsweise welches Verhalten wird von der Gemeinschaft akzeptiert?

Sie streifen mit Ihrem Hund durch die Felder. Ihr Hund geht zwanzig Meter vor Ihnen und tut das, was Hunde tun: er schnüffelt. Sie rufen ihn so, wie Sie es ihm beigebracht haben. Er weiß also, was mit der Aufforderung »Hier« gemeint ist. Sie rufen: »Hiiier!« Daraufhin hebt er den Kopf und schaut sich erst einmal in der Gegend um, dann schnüffelt er weiter und kommt nicht.

Könnte man jetzt den Eindruck gewinnen, Ihr Hund nimmt Sie nicht ernst? Genau das könnte man und läge mit dieser Einschätzung auch richtig.

»Eierloch, fang mich doch!« – kennen Sie diesen alten Kinderreim und das damit verbundene Fang-Spiel? Irgendwie müssen Hunde davon Wind bekommen haben. Denn nicht selten kommt es vor, dass auf dem Spaziergang oder auch im eigenen Garten gerufene Hunde zwar herbeigesaust kommen, aber nur bis auf einen Abstand von exakt 37 Zentimetern. Bei dieser Marke bleiben sie abwartend vor dem Menschen stehen. Schon ziemlich kokett! Nähert sich dann die Hand des Menschen dem Hund, um ihn beispielsweise anzuleinen oder am Halsband festzuhalten, beginnt das kleine Spektakel. Wenn man jetzt die Ohren spitzt und ganz genau hinhört, dann kann man ihn hören, den alten Kinderreim »Eierloch, fang mich doch!« Gerne mit dem Vorderkörper auf dem Boden, um dann hopsend und springend den Menschen zu umkreisen. Mal links herum, dann wieder rechts, dieses Spiel ist einfach zu lustig!

Doch es ist kein Spiel, denn an einem Spiel haben beide Spaß. Hier aber hat nur derjenige Spaß, der den Reim singt. Eierloch ist ja auch kein nettes Wort, sondern eine Beleidigung. Ich hatte immer den Eindruck, dass Kinder, die dieses Spiel spielten, sich ihrer Überlegenheit gegenüber dem Eierloch bewusst waren. Sie wussten, dass sie schneller waren als das Eierloch, oder zumindest weit genug von diesem entfernt. Es gibt auch Kinder, die dieses »Spiel« mit einem Erwachsenen spielen. Bei ihm können sie ohne Scheu und Hemmungen seine altersbedingten Bewegungseinschränkungen »ausspielen«.

Es ist nicht schön, das Eierloch zu sein. Da wird man schnell mal wütend. Wird das Eierloch aber wütend, ist das »Spiel« umso witziger. Da kommt Stimmung auf!

Auch Hunde wissen um ihre situative Überlegenheit, wenn sie mit ihren Menschen ab und an »Eierloch« spielen. Sie sind einfach viel schneller und wissen genau, was wir von ihnen wollen. Doch Tango tanzt man nicht alleine, dazu braucht es zwei. In unserem Fall den Hund – und das Eierloch!

SELBSTHILFE, EXPERTENHILFE

EINS, ZWEI, DREI ... VIELE BÜCHER ÜBER ERZIEHUNG

Ihr Hund kommt also nicht, wenn Sie ihn rufen. Er setzt sich nicht, nachdem Sie ihn dazu aufgefordert haben. Eine einigermaßen zuverlässige Reaktion auf das Aussprechen seines Namens können Sie nur dann erwarten, wenn Sie mit einer stattlichen Menge Wurststückchen ausgestattet sind – und nicht gerade in diesem Augenblick ein Hase Ihren Weg kreuzt. Sie haben also ein oder gleich mehrere Probleme und Sie gehören zu den Leuten, die Probleme gerne lösen. Sie gehen die Sache an und machen sich schlau. Sie kaufen ein Buch.

So weit, so gut. Nun lesen Sie das Buch und es gefällt Ihnen. Alles erscheint in sich stimmig, recht einfach und dem Hund macht es Spaß – ich spreche von dem Hund im Buch, nicht Ihrem eigenen. Sie sind also hoch motiviert und beginnen mit Ihrem Hund das säuberlich ausgearbeitete Programm. Schon bald stoßen Sie auf Schwierigkeiten. Es sind keine weltbewegenden Dinge, die Ihnen Schwierigkeiten bereiten. Sie haben Ihrem Hund das Kommando »Sitz« beigebracht, er macht es auch sehr schön, aber eben nur manchmal. Sie müssten nun das, was Sie ihm beigebracht haben, auch durchsetzen und Ihrem Hund zeigen, dass Sie es ernst meinen. Von Durchsetzen steht in dem Buch aber nichts. Ganz offenbar haben Sie einen besonders schwierigen Hund, denn wenn alle lesenden Hundehalter diese Schwierigkeiten hätten, hätte man sie sicherlich erwähnt. Aber Sie finden keine einzige Zeile zum Thema, was Sie tun sollen, wenn es nicht klappt.

Schade, denn genau auf diese Schwierigkeit stoßen Sie bei der nächsten Übung schon wieder und hätten zu gerne gewusst, wie Sie das Problem lösen können. Nachdem auch die dritte Übung an diesem Punkt scheitert, sind Sie ein klein wenig enttäuscht. Von Ihrem Hund. Und von sich selbst. Und ehrlich gesagt, von dem Buch sind Sie auch ziemlich enttäuscht.

Sie gehören jedoch zu den Leuten, die sich nicht so schnell unterkriegen lassen. Es kann doch nicht so schwierig sein, einen Hund zu erziehen! Hunde leben seit vielen Tausend Jahren eng mit uns zusammen, das muss doch möglich sein. Also rein in den Buchladen und noch ein Buch kaufen. Das zweite Buch gefällt Ihnen ebenfalls. Alles erscheint in sich stimmig, recht einfach und auch dieser Buchhund scheint konzentriert bei der Sache zu sein. Sie sind also erneut hoch motiviert und beginnen das neue Programm. Und tatsächlich stoßen Sie wieder auf dieselben Probleme: Ihr Hund lernt schnell, was von ihm verlangt wird – aber er macht es nur dann, wenn er großen Hunger oder gerade nichts Besseres zu tun hat. Wieder wird kein Wort darüber verloren, was Sie nun tun könnten.

Entnervt legen Sie das Buch zur Seite. Viele Gedanken rasen Ihnen durch den Kopf: Mit meinem Hund klappt das nicht! Viel zu aufwendig! Viel zu mühsam! Und schließlich der Gedanke: Ich kann das nicht. Dabei waren Sie auch beim zweiten Anlauf ganz euphorisch. Alles schien einfach und logisch, es musste der richtige Weg sein. Doch leider haben Sie das Lernziel mit Ihrem Hund schon wieder nicht erreicht. Beschämt fragen Sie sich: »Bin ich wirklich zu dumm dafür?«

Eine letzte Chance aber geben Sie sich noch und kaufen das dritte Buch. Obwohl Sie beim Durchlesen des nunmehr dritten Erziehungsansatzes ein merkwürdiges Gefühl beschleicht, starten Sie erneut durch. Ihr Gefühl gibt Ihnen recht, Sie scheitern erneut. Ihr Hund schaut Sie verschmitzt an, während Sie resigniert auch das dritte Buch zuklappen.

Es ist anerkennenswert, dass Sie das Scheitern sich selbst zuschreiben und nicht Ihrem Hund. Sie hätten aber auch an der jeweiligen Literatur zweifeln dürfen. Nur dass man darauf als »einfacher Hundehalter« nicht kommt. Schließlich wurden die Bücher von »Fachleuten« geschrieben, von Leuten, die sich wirklich auskennen mit Hunden. Von Leuten also, die es eigentlich wissen müssten.

HILFE IN DER HUNDESCHULE

Falls Sie sich gleich in einer Hundeschule angemeldet haben, kann es Ihnen ähnlich ergehen. Kann – nicht muss. Nur leider ist dies gar nicht so selten. In der Hundeschule erklärt man Ihnen erst einmal, was ein Hund überhaupt ist, was Sie bei seiner Erziehung alles bedenken müssen und wie man das alles so richtig professionell macht. Irgendwie kommt Ihnen das merkwürdig bekannt vor, als säßen Sie im falschen Film, aber Sie halten durch. Doch aus welchen Gründen auch immer, Sie bekommen es nicht hin und gehen zur nächsten Hundeschule. Alles, was man Ihnen in der ersten Hundeschule erzählt hat, wird nun über den Haufen geworfen und durch neue Erklärungen und Anweisungen ersetzt. Weil Sie aber wie der Bücherleser zuvor für die Hundeerziehung einfach zu wenig Begabung besitzen, bekommen Sie es abermals nicht hin und melden sich bei der nunmehr dritten Hundeschule an. Als wiederhole sich Ihr Leben in immer gleichen Kreisen, wird abermals alles über den Haufen geworfen und wieder werden Ihnen einleuchtende, professionell anmutende Erklärungen gegeben.

Sie waren bei drei verschiedenen Hundetrainern, und jeder hat Ihnen seine eigene Geschichte über Hunde und deren Erziehung erzählt. Jeder Trainer hatte seine eigene Erziehungsmethode und konnte diese scheinbar fachmännisch begründen. Das Erstaunliche ist auch hier, genau wie bei den Hundeerziehungsbüchern, dass jeder einzelne Ansatz in sich logisch und rund erscheint. Der Hundehalter kommt zu dem Schluss, dass die Sache mit dem Hund nur so und nicht anders sein kann.

Ein Thema, eine Frage – und drei unterschiedliche Antworten. Kommt Ihnen das bekannt vor?

Waren die Erläuterungen in den Büchern oder bei den Trainern nicht gespickt mit Begrifflichkeiten wie:

Vertrauen
Bindungsverhalten
artgerecht
Liebe und Geduld
Verständnis
Sozialverhalten
Futterbelohnung
Kopfhund
Dominanz
Alpharüde
Konditionierung
Aggressionsverhalten
sinnvolle Beschäftigung
Auslastung
Beschwichtigungsignale
positive Verstärkung
Rudelführer
Körpersprache
Belohnung
Triebverhalten
ignorieren
Wölfe
Individualdistanz

... um nur einige zu nennen. Manche dieser Begriffe können eindeutig definiert werden. Andere aber sind schlicht nicht umfassend und klar zu definieren und lassen sich somit in jede gewünschte Richtung auslegen. Bei wieder anderen streitet sich die Wissenschaft derzeit noch um eine übergreifende und damit verbindliche Definition.

Nun kann ein einigermaßen beredter Hundetrainer anhand der Begrifflichkeiten seine eigenen Erklärungsmodelle so gestalten, dass

040763 220894

sie dem Zuhörer in sich stimmig erscheinen. Denn dem »normalen Hundehalter« fehlt lediglich das Fachwissen, um die ihm meist recht selbstbewusst präsentierten Erklärungen zu hinterfragen. So gelingt es einem Trainer oder einem Autor relativ leicht, die hilfe- und ratsuchenden Familienhundehalter zu beeindrucken.

Mir geht es so, wenn ich ein Auto kaufe. Von Technik habe ich, milde ausgedrückt, keinen blassen Schimmer und werde das Gefühl nicht los, dass man mir meine Ahnungslosigkeit bereits auf Entfernung ansieht. Wenn es schon nicht jeder sieht, der Autoverkäufer sieht es bestimmt. Erscheine ich unwissend, wenn ich Fragen stelle? Mit Sicherheit! Wer fragt schon als Erstes, wo das Ersatzrad ist? Was verrät ihm meine Körperhaltung, was sagen ihm meine Blicke? Sie sagen ihm: Motiviert, aber hilflos! In genau diesem Augenblick, in dem der Autoverkäufer zu dieser Einschätzung meiner selbst gelangt ist, bin ich verloren. Der Autoverkäufer, in der Regel mit einer guten Menschenkenntnis ausgestattet, beginnt nun, mich über Autos im Allgemeinen und das von mir ausgesuchte Auto im Speziellen zu informieren. Er redet munter drauflos, Worte wie Differenzial, Einspritzer, Einzelradaufhängung (die mir als sehr gefährlich vorkommt!), Nockenwelle, Kraftübertragung und die beachtliche Anzahl an Ventilen reihen sich wie Perlen einer Kette aneinander. Natürlich bin ich beeindruckt. Er kennt sich aus, ein echter Fachmann!

Aber fachlich nachvollziehen, wovon der Mann spricht, kann ich nicht. Ich nicke ausdauernd mit dem Kopf, lasse ein gelegentliches »Aha« in seinen Wortschwall mit einfließen und bilde mir ein, mich damit als intelligent und informiert zu präsentieren. Doch was macht mein Gegenüber? Mein Gegenüber haut immer tiefer in die Kerbe und erklärt mir nun bereits den Hubraum, die Lichtmaschine und den Vorteil einer dichten Muffe über der Gelenkwelle – oder so ähnlich. Ich bin ein ganz normaler, einfacher Autofahrer, und gerade weil ich fachlich nichts, aber auch gar nichts von der Materie verstehe, kann das folglich auch nicht der Grund sein, weswegen ich das Auto schließlich kaufe.

Weshalb also kaufe ich es?

Während des Gesprächs hat der Mann es irgendwie geschafft, dass ich ihn sympathisch finde. Er hat meine Ahnungslosigkeit bemerkt und mir vermittelt, dass das gar nicht so schlimm sei. Er würde mir helfend zur Seite stehen und diesen schwierigen Prozess des Autokaufs von Anfang bis Ende mit mir gemeinsam durchstehen. Wie ein richtiger Freund. Wie jemand, der sich wirklich für mich interessiert. Wie jemand, auf den ich mich verlassen kann. Wenn ich noch Fragen hätte, könne ich ihn jederzeit anrufen, auch am Wochenende. Nur mittwochabends sei es ungünstig, da gehe er zum Sport. Er erzählte mir von seinen Kindern und erkundigte sich über mein Familienleben. Meiner Frau und den Kindern solle das neue Auto schließlich auch gefallen. Ein Hundegitter würde selbstverständlich ohne Aufpreis noch eingebaut. Er habe ja selbst einen Hund und wisse, wie sehr einem die Tiere ans Herz wachsen. Endlich jemand, der mich versteht und es gut mit mir meint – gekauft!

Das Fachliche rund ums Auto ist eine Sache – die Gefühle jedoch, die sich während eines solchen Kaufs abspielen, eine ganz andere. Was aber hat das mit Hundetraining zu tun?

HUNDETRAINING – FACHLICH KOMPETENT?

Die Angebote von Hundeschulen sind Dienstleistungen. Der normale Familienhundhalter aber kann die Fachlichkeit einer Schule oder eines einzelnen Hundetrainers nicht wirklich hinterfragen, weil ihm dazu das Wissen fehlt. In diesem Augenblick verlagert der Hundetrainer, ganz wie der Autoverkäufer, im Beratungsgespräch sein Hauptaugenmerk von den fachlichen Inhalten auf die Gefühlsebene. Grundsätzlich ist das nicht verkehrt, da Gefühle eine nicht unbedeutende Rolle in der Beratung eines Hundehalters spielen sollten. Kritisch wird es jedoch, wenn Hundetrainer, ob wissentlich oder nicht, die Gefühle ihrer Kunden in unzulässiger Weise manipulieren.

Doch sind Hundetrainer nicht die Einzigen, die sich an diesem Prozess beteiligen. Auch in der Presse und auf dem Buchmarkt gibt es Menschen, die ohne jeden Nachweis einer Qualifikation über Hundeerziehung schreiben. Jeder kann sich Hundetrainer nennen, denn leider ist das keine geschützte Berufsbezeichnung.

Auch im Fernsehen dürfen Hundetrainer ohne Nachweis einer entsprechenden Qualifikation einem Millionenpublikum mit Rat und Tat in Sachen Hund zur Seite stehen. Die Bezeichnung »Hundetrainer« ist ungeschützt – anders als in vielen anderen Berufen darf sich jeder so nennen. Die Supernanny hat nicht nur in der Kindererziehung Hochkonjunktur, auch bei Hundehaltern treibt sie die Quoten in die Höhe. Mit geradezu übersinnlichen Fähigkeiten lösen die Nannys mit freundlicher Miene und leichter Hand im Schnellverfahren die unterschiedlichsten Probleme. Nicht zu vergessen: die flüstern alle nur! Nicht selten handelt es sich hier um eine recht billige Effekthascherei und der normale Hundehalter, den das Problem mit seinem Hund täglich belastet und der sich hoffnungsvoll an einen Hundetrainer mit der Bitte um Hilfe wendet, ist verständlicherweise nur allzu leicht zu beeindrucken.

Wenn es um große Gefühle geht, dürfen wir nicht die Filme im Kino und Fernsehen vergessen, in denen Hunde die Rolle des besseren Menschen ausfüllen müssen. Ob als Polizist, als bester Freund und Seelentröster, ob als Bombensuchhund oder Lebensretter, immer sind diese Hunde mutig, unerschrocken, zielstrebig und rücksichtslos gut, dabei einfühlsam und feinfühlig.

Was brennt denn da in meinen Augen? Wie solche Filme unsere Gefühle ansprechen, weiß ich aus eigener Erfahrung nur zu gut. Geben wir es doch zu! Wir haben doch alle Rotz und Wasser geheult, als der wunderbare Deutsche Schäferhund Greif seinen besten Freund Harry Piehl rettet, indem er an seiner statt in den Schuss springt.

Hundeschulen und Hundtrainer, Zeitschriften und Film und Fernsehen – sie alle bedienen sich der Gefühle der Hundehalter. Sie sprechen sie mehr oder weniger direkt an und manipulieren sie dann in diese oder jene Richtung. Nun ist das Manipulieren von Gefühlen weder verboten noch in irgendeiner Weise außergewöhnlich. Bewusst oder unbewusst tun wir es alle, um uns dadurch einen Vorteil zu sichern. Politiker manipulieren die Gefühle ihrer Wähler, Werbeagenturen manipulieren die Gefühle der Verbraucher, und Hundetrainer manipulieren die Gefühle der Hundehalter. Eigentlich kein Weltuntergang – nur sollte man sich dessen bewusst sein.

Wie sieht er denn aus, der Hundehalter von heute? Zunächst einmal: immer anders! So wie es die unterschiedlichsten Gründe dafür gibt, sich einen Hund anzuschaffen, so gibt es auch die unterschiedlichsten Menschen, die das tun. Die Welt ist bunt und obwohl es immer wieder versucht wird, lässt sie sich nicht über einen Kamm scheren.

Dennoch gibt es unter den Hundehaltern ein paar grundsätzliche Trends, die sich über die letzten Jahrzehnte herausgebildet haben. Die Gründe für die Anschaffung eines Hundes reichen von der Suche nach einem verlässlichen Freund über Kindersatz bis hin zu einem ständigen Begleiter in allen Lebenslagen im täglichen Kampf gegen die Einsamkeit. Der Hund, der eine solch prominente Rolle einnehmen soll, wird mit viel Zuwendung und Aufmerksamkeit bedacht und mit Liebe überschüttet. Die Kehrseite dieser privilegierten Stellung ist es jedoch, dass ein solcher Hund mit den einhergehenden emotionalen Ansprüchen und Erwartungen schlichtweg überfordert ist.

Unsere heutige Beziehung zum Hund ist, verallgemeinernd ausgedrückt, ausgeprägt emotional und grundsätzlich demokratisch. Der Hund wird mit seinen Wünschen und Ansprüchen und in seinem Wesen nicht nur als gleichwertig, sondern auch als gleichberechtigt wahrgenommen. Was für ein Zusammenleben mit unserem Hund erhoffen und erträumen wir uns? Kurzum: Harmonie statt Konflikte.

Ein Leben in gegenseitigem Einklang und Verständnis, geprägt von gemeinsamem Erleben in einer zufriedenen, von Glück durchtränkten Atmosphäre. Wir erhoffen uns den sprichwörtlichen Freund, mit dem zusammen man Pferde stehlen und durch Dick und Dünn gehen kann. Eine sehr romantische Vorstellung!

Dieser oben beschriebene Hundehalter hat nun ein Problem mit seinem Hund oder möchte diesen auch ganz einfach nur sinnvoll beschäftigen oder auslasten. Im Wesentlichen sind es drei Gründe, weswegen Hundehalter sich an eine Hundeschule wenden:

- Sie wollen ihrem Welpen einen guten Start im Leben ermöglichen, er soll sozialverträglich sein oder es zumindest werden. Er soll später gut in die Welt passen, in der er lebt, sei es Land oder Stadt.
- Sie haben Probleme mit ihrem Hund. Der nun bereits erwachsene Hund zeigt ein Verhalten, das dem Hundehalter oder der Umwelt oder auch beiden zum Problem geworden ist. Hierzu gehören Verhaltensweisen wie das Ziehen an der Leine, das Kläffen an der Wohnungstür oder das Verbellen am Gartenzaun, aggressives

Verhalten anderen Hunden oder Menschen gegenüber, das Jagen von Joggern und Fahrradfahrern – störendes Verhalten also. Störendes Verhalten sollte unbedingt von Verhaltensstörungen abgegrenzt werden (Seite 126).

- Und schließlich gibt es Hundehalter, die ihren Hund sinnvoll beschäftigen möchten, ob nun mit Agility, Flyball, Fährtensuche und Mantrailing, oder die einfach mal mit anderen Menschen und Hunden gemeinsam spazieren gehen wollen.

Der um seinen Hund bemühte oder auch besorgte Halter schaut sich also nach einer Hundeschule um. Er ist hoch motiviert und will nur das Beste für seinen Hund. Es ist in keinster Weise zu kritisieren, wenn jemand seinem innig geliebten und von ihm abhängigen Hund Gutes tun möchte. Zu beanstanden allerdings ist es, dass Hundeschulen und Hundetrainer – und all diejenigen, die am Hund verdienen – dem Hundehalter auf eben dieser emotionalen Ebene begegnen. Das Lösen des anstehenden Problems steht hier nicht mehr im Mittelpunkt, sondern vielmehr die Gefühle des Hundehalters und deren Manipulation.

Warum das?

Der Markt rund um den Hund – ob nun Futter, Hundetraining, Beschäftigung, Ferienbetreuung, Auslaufservice, Zubehör aller Art, oder Wellness für den Hund – ist ein hart umkämpfter Markt. In einem hart umkämpften Markt müssen alle Anbieter sich anstrengen, ihren Kundenkreis aufzubauen und zu erweitern oder zumindest zu halten. Der Hundehalter, auf der Suche nach professioneller Hilfe, mutiert so unversehens zum Verbraucher. Verbraucher werden in der Regel auf ihre Wünsche, Ansichten, Gefühle und Einstellungen hin abgetastet und das Angebot entsprechend modifiziert.

Der gesellschaftliche Konsens geht heute dahin, dass alles, was Spaß macht, auch irgendwie gut sein muss.

So wird in entsprechenden Medienveröffentlichungen und in Hundeschulen häufig behauptet, die kompetente Erziehung von Hunden sei stets mit lieben, angenehmen und sanften Maßnahmen zu gewährleisten und mache darüber hinaus auch immer Spaß. So wird mit den bereits zuvor erwähnten Begrifflichkeiten geworben und alles davon Abweichende als falsch und verwerflich angeprangert. Die Hundehalter gehen wiederum davon aus, dass diese von »Fachleuten« formulierten Erziehungsansätze sowohl realistisch als auch Erfolg versprechend sind. Zu groß ist die Angst, mit repressiven Erziehungsmethoden dem Hund und der Beziehung zu ihm bleibenden Schaden zuzufügen. Eine verständliche Sorge.

Doch nicht wenige Hundetrainer verlegen sich anstelle einer sachlichen und kompetenten Beratung lieber darauf, die Ängste der Hundehalter zu schüren. Sie sprechen die Gefühle ihrer Kunden an und bestätigen diese. Aus gutem Grund. In einem Dienstleistungsgewerbe muss ich auf meine Werbewirkung achten, ich muss weiterempfohlen werden, ich lebe von meinem Ruf. Spreche ich nun vorrangig die emotionalen Erwartungen meiner Kunden an und lasse mich weder mit dem Hund noch dessen Halter auf einen möglichen Konflikt ein, fühlt sich mein Kunde zwar wohl bei mir, einen guten Dienst aber erweise ich ihm damit in der Regel nicht.

Wo Gefühle angesprochen werden, sind Versprechungen nicht weit. Bis auf wenige Ausnahmen, die sich verständlicherweise bedeckt halten, bieten die meisten Trainer ihre Dienstleistungen mit gefühlslastigen Worthülsen an:

Der sanfte Weg in der Hundeerziehung
Liebevolle Hundeerziehung
Gewaltfreie Hundeerziehung
Wir arbeiten nur mit Belohnung
Wir arbeiten ohne Meideverhalten
Erziehung ausschließlich durch positive Verstärkung
Hundeerziehung leicht gemacht
Der neue Weg in der Hundeerziehung

Hundeerziehung nach den neuesten wissenschaftlichen Erkenntnissen
Hundeerziehung motiviert durch Spiel und Spaß

Natürlich möchte der Hundehalter für seinen Liebling nur das Beste. Gut so! Auf der Suche nach einer Lösung seines Problems stößt er nun sehr häufig auf Äußerungen sogenannter »Fachleute«, die eine liebevolle, gewaltfreie und ausschließlich auf Belohnung beruhende Vorgehensweise propagieren. Sie versprechen sogar, nach neuesten wissenschaftlichen Erkenntnissen zu arbeiten!

Richtig ist, dass Gewalt in der Erziehung nichts zu suchen hat. Richtig ist, dass Liebe und Sanftheit in der Erziehung ihren Platz haben. Richtig ist auch, dass Erziehung, besser noch das Lernen als solches, etwas mit Belohnung zu tun hat. Und richtig ist ferner, dass es wissenschaftliche Grundlagen für Erziehung gibt. Eindeutig falsch ist es jedoch, wenn Hundeschulen und Hundetrainer behaupten, Erziehung habe allein nur mit Liebe und Geduld zu tun, und wenn sie behaupten, alles sei ausnahmslos mit Sanftheit herzustellen. Eindeutig falsch ist es auch zu behaupten, Erziehung habe ausschließlich mit Belohnung und überhaupt nichts mit Bestrafung zu tun. Falsch ist es auch, Erziehung auf einen rein wissenschaftlichen Ansatz zu begrenzen. Es ist nicht nur falsch, es ist wirklich traurig, das zu tun. Erziehung ist so viel mehr: die Freude aneinander, die Freude am Experiment, die Freude auch an Fehlschlägen. Erziehung ist am Ende doch um einiges vielschichtiger – und emotionaler!

FLÜSTERN ALLE HUNDETRAINER GLEICH?

Sie nennen sich Hundetrainer, Hundeerzieher, Verhaltensberater, Hundeflüsterer, Diplom-Tierpsychologe, Tierkommunikator oder Verhaltenstherapeut. Sie arbeiten in Parkanlagen, eingezäunten Hundeplätzen, an Waldrändern oder aber sie verfügen sogar über einen Praxisraum, in dem sie beratend tätig sind. Doch so unterschiedlich ihre meist selbst gewählten Berufsbezeichnungen auch sein mögen, sie flüstern beileibe nicht alle gleich. Vor allem aber ist ein einheitliches Berufsbild des Hundetrainers – leider! – noch nicht in Sicht. Jeder kann sich so bezeichnen, jeder kann sein Glück versuchen.

Nimmt man die Websites der Hundeschulen als Maßstab, so scheint ein wesentliches Kriterium für einen guten Hundetrainer das zu sein, seit frühester Kindheit mit Hunden zusammengelebt zu haben. Ein weiteres Qualitätskriterium ist der Besuch einiger Seminare und Abendvorträge zum Thema.

Stellen Sie sich nur mal vor, jemand würde sich mit dieser Art von »Qualifikation« als Chemielaborant in einem Pharmaunternehmen bewerben: Er experimentiere ausdauernd und mit großer Begeisterung mit einem Chemiebaukasten, den er zu seinem fünften Geburtstag bekommen habe, darüber hinaus habe er vor einiger Zeit entsprechende Abendkurse an der Volkshochschule belegt. Abschlüsse habe er keine vorzuweisen, aber sein Interesse an Chemie sei so groß, dass er sich ein Leben ohne die Magie der Elemente einfach nicht vorstellen könne. Das Gesicht des Personalchefs möchte ich sehen!

Beim Hundetrainer aber finden genau das alle in Ordnung. Von der Hilfestellung bei der Welpenentwicklung und Junghundzeit über spaßorientierte Beschäftigung mit unkomplizierten Hunden bis hin zur Arbeit mit problematischen, teilweise auch gefährlichen Hunden, umfasst die Tätigkeit des Hundetrainers beziehungsweise das Angebot einer Hundeschule ein breites Spektrum. Die theoretische und praktische Ausrichtung dieser Tätigkeiten ist ausgesprochen vielfältig. Aber nicht nur das. Die Interpretation von Hundeverhalten ist, milde ausgedrückt, ebenso unterschiedlich. Während der eine Trainer von einer »massiven Angst« eines Hundes spricht, diagnostiziert ein anderer »ein ganz normales Demutsverhalten«. Und wenn Sie Pech haben, kann keiner der beiden seine Aussage stichhaltig begründen.

So unterschiedlich die Interpretationen des Hundeverhaltens, so abwechslungsreich sind auch die Trainingsansätze. Der eine preist einen bestimmten pädagogischen Stil, der nächste bevorzugt einen gänzlich anderen, und auch die Verhaltenstherapeuten sind sich über den »richtigen Weg« alles andere als einig. Viele Hundetrainer haben sich in Ermangelung einer fundierten Ausbildung im Laufe der Jahre ihre eigenen Theorien zusammengebastelt und mit teilweise abenteuerlich anmutenden Begründungen versucht, sich selbst und anderen Hundeverhalten oder Problemverhalten von Hunden zu erklären. Manche von ihnen haben Lösungen entwickelt, die schnell zum Kult avancierten. Immer wieder kam *die* Lösung auf den Markt und immer wieder war diese Lösung eine gänzlich andere als die vom Jahr zuvor.

So gab es über die Jahre viele Losungen, die als Lösungen ausgegeben wurden. Beispielsweise die, dass man sich nur wie ein Hund verhalten müsse und schon wären alle Probleme mit dem Hund wie weggeblasen. 15.000 Jahre haben Menschen und Hunde zusammengelebt und nun wurde behauptet, das alles könne man getrost vergessen. Hundehalter sollten sich in den entsprechenden Situationen dem Verhalten ihres Hundes anpassen und zum Beispiel gähnen, sich die Lippen lecken oder ihre Hunde im Halbbogen umlaufen, um so Konfliktvermeidung zu signalisieren. Hitzig diskutiert wurde auch die

Frage, ob es nicht zwingend erforderlich wäre, sich von seinem Hund zur Begrüßung die Lippen lecken zu lassen. Schließlich machten es Hunde untereinander doch auch so! Für Hunde ist dies sicherlich kein Thema. Wenn ich mir aber vorstelle, der Hund hat gerade etwas Ekliges gefressen, wird mir schlecht. Besonders wenn ich dabei an einen Hund denke, der gerne während des Spaziergangs auch mal Exkremente zu sich nimmt. Keine Seltenheit! Da kann ich nur viel Spaß wünschen bei der Begrüßung auf Hundeart. Zu den sogenannten »Beschwichtigungssignalen« kommen wir später noch einmal ausführlicher zurück (S. 111). Hier möchte ich lediglich vorschlagen, kultige Praktiken auch einmal bis in die letzte Konsequenz zu durchdenken. Zur Kommunikation der Hunde gehört auch die Urogenitalkontrolle. Ihre Nase und Zunge am After oder Geschlechtsteil Ihres Hundes? Ein Tabuthema? Oder möchten Sie darüber sprechen? Ich nicht!

Viele Hundetrainer erkennt man schon von Weitem an der prall mit Leckerlis gefüllten Bauchtasche. Eine weitere Losung: Futter! Selbst bei streng vegetarischen Trainern findet man hier bergeweise Wurststückchen und Käsewürfel. Nachdem der Trainer den Hundehalter durch eine lange Rede zum Thema Belohnung und Lernverhalten und die Unverzichtbarkeit von Futterbelohnung betäubt hat, versucht er dem Hund beizubringen – nicht selten mit Quietschtönen im hohen Frequenzbereich – Blickkontakt zu halten. Ob seine Bemühungen von Erfolg gekrönt sein werden oder nicht, ist gar nicht mein Thema. Meine Frage hier wäre eher, was passiert mit unseren Hunden, wenn sich die Zeiten ändern und wenn wir Essbares nicht mehr einfach so entbehren können? Ist dann Schluss mit gucken? Und wenn der Hund satt ist, was dann? Kein Blickkontakt? Was ist mit den Hunden, die – warum auch immer – nichts annehmen? Futterbelohnung als solche ist nicht das Thema. Nur den Gedanken, dass Futter als Voraussetzung zum Herstellen eines Verhaltens zwingend vonnöten sei, finde ich problematisch – abgesehen davon, dass er so auch nicht stimmt.

DIE DREI GRUNDLEGENDEN ARBEITSWEISEN VON HUNDESCHULEN

Hundehalter, die sich mit einem erwachsenen Hund an eine Hundeschule wenden, haben ein Problem, das sie mit der Hilfe eines professionellen Hundetrainers lösen möchten. Kaum ein Hundehalter aber wendet sich an einen Hundetrainer, weil sein Hund nicht gerade sitzt oder weil er beim Fressen kleckert. Es gibt eine ganze Reihe von Verhaltensweisen beim Hund, die so unwichtig sind, dass man sie just so belassen kann, wie sie nun mal sind. Hin und wieder eine kleine Abweichung vom idealen Vorbild – das macht die Beziehung zum eigenen Hund doch erst interessant.

Die Probleme, weshalb ein Hundehalter eine Hundeschule bemüht, sind also in der Regel anderer Natur und werden von ihm als ernst zu nehmend eingestuft. Ob der betreffende Trainer sie als ebenso gravierend empfindet, ist überhaupt nicht von Belang – es geht um den Halter, um dessen Nöte und Gefühle, und es geht um seinen Hund.

Welche Problemsituationen tauchen also in einer Hundeschule im Regelfall auf?

Der Hund zieht und zerrt an der Leine.

Der Hund kommt im Freilauf nicht auf Zuruf.

Der Hund verhält sich anderen Hunden gegenüber aggressiv.

Der Hund jagt – nicht nur Kaninchen, sondern einfach alles, was sich bewegt: Jogger, Autos, Radfahrer, und natürlich Bälle und Stöckchen.

Der Hund verhält sich aggressiv gegenüber Menschen – ob nun gegenüber dem eigenen Besitzer, anderen Familienmitgliedern, Besuchern oder gänzlich fremden Menschen.

Der Hund hat Schwierigkeiten, jemals zur Ruhe zu kommen.

Der Hund zeigt sich bestimmten Gegenständen, Situationen oder Menschen gegenüber ängstlich, neigt also entweder zu Flucht- oder zu Angriffsverhalten.

Vorwegschicken möchte ich hier unbedingt, dass dieses Buch weder eine Anleitung zur Selbsthilfe sein kann noch sein soll. Wenn dieses im Einzelfall doch gelingt, so liegt es mit Sicherheit am Talent des Hundehalters, gewisse grundsätzliche Dinge für sich erkannt zu haben. Meine Absicht war und ist es nicht, ihm gezielt mit seinem Problem zu helfen. Grundvoraussetzung hierfür wäre, den Halter ausführlich zu befragen und mir ein Bild von ihm und seinem Hund im täglichen Zusammenleben zu machen. Erst wenn ich mir ein umfassendes Bild dieses Gespanns gemacht habe, kann ich sagen, was in diesem Fall konkret zu tun wäre. Hundetraining ist immer individuell – auch wenn von bestimmten grundsätzlichen Gesetzmäßigkeiten ausgegangen werden kann.

Der Hundehalter, der eine Hundeschule aufsucht, hat also ein ernstzunehmendes Problem und lebt mit seinem Hund in einem Konflikt. Dieser Konflikt beginnt sehr viel früher, als allgemein wahrgenommen.

Wenn ein Hund nicht kommt, obwohl er gerufen wurde, dann ist das bereits der Konflikt – und nicht erst, wenn der Hund verloren ist. Wenn er stark an der Leine zerrt, dann ist das bereits der Konflikt – und nicht erst, wenn der Halter den Orthopäden aufsuchen muss. Aggressives Verhalten des Hundes gegen Menschen oder andere Hunde ist bereits der Konflikt – und nicht erst der Biss! Auch beim jagenden Hund ist der Augenblick, in dem sich der Hund verselbstständigt und seinen Halter hilflos am Waldrand stehen lässt, bereits der Konflikt – und nicht erst, wenn er nach zwei Stunden immer noch nicht zurückgekehrt ist.

Es gibt grundsätzlich drei Arbeitsweisen, in die man fast alles, was es an Arbeitstechniken auf dem deutschen Markt der Hundeschulen gibt, einordnen kann:

1. Die Umlenkung oder Ablenkung des Hundes vor dem Konflikt
2. Die Desensibilisierung und die Gegenkonditionierung
3. Die Konfliktannahme auf unterschiedliche Art und Weise

Neben diesen drei grundsätzlichen Arbeitsansätzen im »Problemhundebereich«, gibt es noch andere Herangehensweisen.

Beispielsweise bieten Menschen mit vorgeblich übersinnlichen Fähigkeiten ihre Hilfe an. Man könnte sagen, sie verkauften den Hilfe suchenden Hundehaltern so etwas wie »Schwingungen«, eine Art Aura in Tüten. Natürlich gibt es Menschen mit einer starken persönlichen Ausstrahlung, die Auswirkungen auf das jeweilige Gegenüber hat – ob nun Hund oder Mensch. Das ist überhaupt nichts Neues und kann im Einzelfall sicherlich Erstaunliches bewirken. Neu ist allerdings, dass man davon etwas abgeben kann, getreu dem Motto: »Wirk mal!« Der Lösung eines Problems aber ist das wenig förderlich.

Dann gibt es die Tierkommunikatoren. Sie »erspüren« oder »erfühlen« über das Telefon Versäumnisse in der Kindheit Ihres Hundes oder aber sie »entschlüsseln« die »Information«, die sie nach Erhalt einiger Haare Ihres Lieblings bekommen haben. Nach der Begutachtung der Haare erhalten Sie eine ausführliche psychologische Beurteilung Ihres Hundes mit den unvermeidlichen Hinweisen auf die während seiner schweren Kindheit erlittenen Traumata.

Einige haben sich einmal den Spaß gemacht und ein paar Besenhaare eingeschickt. Prompt kam die Antwort, der Hund sei schwer traumatisiert, da ihm in seiner frühen Kindheit eine Mücke ins Ohr gefurzt habe. Außerdem fühle er sich bei seinen Menschen nicht wohl.

Bei solchen Geschichten kommt schon Ärger auf. Viele der Hilfesuchenden sind ernsthaft besorgt oder befinden sich in einer Situation, die dringend der Klärung bedarf. Nicht selten sind auch Aggressionen gegen Menschen das Thema. Menschen in einer solch verwundbaren Situation derart grob zu verhöhnen ist mehr als nur unfair, es ist verantwortungslos.

Nicht wenige Hundetrainer bauen in ihre Arbeit mit Hunden die Verabreichung von Bachblüten mit ein. Auch homöopathische Mittel finden vielerorts Verwendung. In zahlreichen Fällen wird von einer förderlichen Wirkung berichtet.

Kommen wir zur ersten Arbeitstechnik, der Umlenkung. Diese weit verbreitete Arbeitsweise von »Fachleuten« versucht den Konflikt zu umgehen und also zu vermeiden, indem sie über das Hilfsmittel der Ablenkung ein anderes Interesse beim Hund weckt.

Beim folgenden Beispiel eines Hundehalters mit einem aggressiven Hund beschreibe ich die Vorgeschichte deshalb nicht ausführlicher, weil es für die Darstellung dieses Verfahrens nicht erforderlich ist.

Der Hundehalter sucht also die Hilfe eines Hundetrainers, weil sich sein Hund häufig aggressiv gegen andere Hunde verhält, und zwar sowohl an der Leine als auch im Freilauf. Der Hundetrainer wählt für die Problemlösung die Technik der Umlenkung. Voraussetzung hierfür ist, dass der Hund an irgend etwas ein ganz besonderes Interesse hat, sei dies ein bestimmtes Spielzeug, ein Ball, ein Quitschie, oder aber schlicht ein schmackhaftes Wiener Würstchen. Mittels dieser Ablenkung wird nun versucht, dass der Hund so lange mit dem Halter Blickkontakt hält, bis der Konflikt – in unserem Fall ein entgegenkommender anderer Hund – außer Sichtweite ist.

Beim Eintrainieren geht man schrittweise vor und schafft hierfür als Erstes einen ablenkungsfreien Rahmen. Zunächst zeigt man dem Hund das Objekt seiner Begierde, also den Ball oder das Würstchen. Daraufhin zeigt uns der Hund, dass er es unbedingt haben möchte (sollte er wider Erwarten kein Interesse zeigen, können wir an dieser Stelle bereits einpacken). Nun sagen wir ein bestimmtes Wort oder geben ein bestimmtes Geräusch von uns, woraufhin der Hund uns ansieht. In diesem Augenblick erhält er als Bestätigung für den Blickkontakt die Belohnung, bekommt also das Futter oder der Ball wird für ihn geworfen.

Nach einigen Wiederholungen schaut uns der Hund beim auslösenden Reiz, also der Stimme oder dem Geräusch, an und erwartet Futter oder Ball.

Nun wird an der zeitlichen Dauer des Blickkontakts gearbeitet – selbstredend weiterhin in ablenkungsfreier Umgebung. Hierfür wird die Zeitspanne zwischen dem auslösenden Reiz (Stimme, Geräusch) und der Belohnung (Futter, Ball) kontinuierlich ausgedehnt und zwar immer gerade so lange, wie der Hund den Blickkontakt sicher hält. Sobald der Hund dieses Verhalten zuverlässig zeigt, kann der Ernstfall geübt werden.

Der Hundehalter stellt nun die Situation einer Begegnung mit einem anderen Hund, der das unerwünschte aggressive Verhalten seines Hundes zuverlässig auslöst. Ausschlaggebend ist jetzt, dass der Halter über den auslösenden Reiz, also Stimme oder Geräusch, den Blick seines Hundes *rechtzeitig* auf sich lenkt. Wohl bemerkt: Rechtzeitig! Rechtzeitig heißt, dass der sich aggressiv verhaltende Hund den entgegenkommenden Probandenhund noch nicht wahrgenommen haben darf! Nicht wahrgenommen wiederum heißt, er darf ihn weder gesehen noch gehört noch gerochen haben. Darüber hinaus darf er die Situation, in der er sich gerade befindet, nicht mit einem anderen Hund verknüpfen. Gar nicht so einfach! Zusätzlich erschwert wird die Sache dadurch, dass zwar der zu trainierende Hund den anderen Hund nicht gesehen haben *darf* – sein Halter ihn aber gesehen haben *muss*. Schließlich ist es für den Erfolg dieser Technik von alles entscheidender Bedeutung, dass der Hundehalter den auslösenden Reiz einbringt, bevor sein Hund den Probandenhund gesehen hat, um so den Blick seines sich potenziell aggressiv verhaltenden Hundes auf sich zu lenken. Falls bis hierher alles geklappt hat (falls!), kann der Hund nun mit Blick auf den Halter (weitaus häufiger: mit Blick auf das Objekt der Begierde) um den Probandenhund herumgeführt werden. Nachdem die Situation auf diese Weise gemeistert wurde und der Probandenhund nach Möglichkeit aus dem Blickfeld aller verschwunden ist, erhält der Hund Futter oder den Ball als Bestätigung für den lange aufrechterhaltenen Blickkontakt.

Kein Zweifel, diese Technik kann funktionieren. Doch birgt sie eine ganze Reihe von Risiken und wirft auch nicht unerhebliche Fragen auf.

Gehen wir einmal davon aus, dass der Hundehalter die praktischen Übungen sehr gut gemacht hat und von seinem Hund den Blickkontakt zuverlässig einfordern kann. Doch nun kommt das wirkliche Leben. Und das wirkliche Leben gleicht eben nicht einer Versuchsanordnung. Gott sei gedankt, möchte man noch hinzufügen. Im wirklichen Leben gibt es Risiken. So auch in unserem Fall.

Risiko Nr. 1: Gute Idee, falscher Zeitpunkt – so sind Fehlverknüpfungen vorprogrammiert

Gute Übungsresultate vorausgesetzt, kann es passieren, dass der Halter zum falschen Zeitpunkt den Blickkontakt auslösenden Reiz (Stimme, Geräusch) einsetzt. Warum das? Er hat es doch ausdauernd geübt!

Wieder einmal kommt dem Halter die Realität in die Quere und die sieht so aus: Hund und Halter gehen gemeinsam spazieren. Ein Hund kommt ihnen entgegen. Ein Hund, den der eigene Hund bereits wahrgenommen, der Halter jedoch noch nicht gesehen hat. Entweder zeigt unser Hund nun bereits deutliche Anzeichen aggressiven Verhaltens, oder aber er hat den entgegenkommenden Hund lediglich fest im Blick, da dieser noch weit entfernt ist. Wenn der Hundehalter jetzt, also zu spät, die Stimme oder das Geräusch einsetzt, kann mit viel Glück der Blickkontakt dennoch hergestellt und der Hund an dem entgegenkommenden Hund vorbeigeführt werden. Aber jetzt lernt der Hund noch etwas dazu. Er lernt, dass der auslösende Reiz (Stimme, Geräusch), mit dem er das Objekt der Begierde verknüpft, immer dann kommt oder zumindest kommen kann, wenn er sich aggressiv gegen einen anderen Hund verhält oder diesen schon mal fest im Blick behält.

Risiko Nr. 2: Ich schau mich schon mal um – erlerntes Erwartungsverhalten

Selbst wenn in Zukunft der Hund immer noch mittels Blickkontakt und Belohnung um einen fremden Hund herumgeführt werden kann, wurde hier der zunächst nicht sichtbare Grundstein eines zusätzlichen Problems gelegt. Denn nicht wenige Hunde, die auf diese missliche Art und Weise lernen, begeben sich schon mal vorsorglich auf die Suche nach anderen Hunden. Im Erfolgsfall zeigen sie häufig eine erhöhte Bereitschaft zu aggressivem Verhalten – weil schließlich genau das, und eben nicht das Halten des Blickkontakts, verlässlich belohnt wurde! Auf diese Weise gelingt es vielleicht im Einzelfall immer noch, den fremden Hund zu umgehen. Alles in allem aber potenziert der unglückliche Hundehalter so das unerwünschte Verhalten des Hundes, statt es zu verringern oder schlicht und einfach zu unterbinden.

Gehen wir einmal davon aus, dass der Halter das Timing einigermaßen gut hinbekommen hat, vielleicht weil er auf dem flachen Land lebt und zusätzlich noch genau weiß, wo andere Hunde wohnen oder an welcher Stelle sie ihm in der Regel entgegenkommen können. Die entscheidende Frage, was der Hund eigentlich unter Anwendung dieser Technik gelernt hat, ist noch offen.

Gelernt hat er nämlich, auf ein Wort oder ein Geräusch hin seinen Halter so lange anzublicken, bis er dafür eine wie auch immer geartete Belohnung bekommt – mehr nicht! Neben dem Risiko einer Fehlverknüpfung, andere Hunde auch noch aktiv zu suchen, hat er just das, worauf es in der beschriebenen Situation ankommt, gerade nicht gelernt:

Er hat *nicht* gelernt, seine Aggressionen gegen Artgenossen zurückzunehmen und mit der Situation »anderer Hund kommt entgegen« angemessen umzugehen. Wir haben ihn um das eigentliche Problem herumgeführt und ihm nicht vermittelt, was richtig und was falsch ist.

Die Beziehung zwischen Hund und Halter ist nicht verändert worden. Anstelle dieser notwendigen Änderung tritt ein simples Dressurstück, um den anstehenden Konflikt zu vermeiden.

Ginge es um einen echten Notfall, hätte ich kein Problem damit, alles im Sinne einer Konfliktvermeidung zu tun und so eine weitere Eskalation zu verhindern. Als grundsätzliche Lehrmeinung aber, Konflikte lieber gar nicht erst anzusprechen, sondern sie stattdessen zu umgehen, lehne ich eine solche Manipulation von Hunden ab.

Warum?

Hierfür gibt es gleich eine ganze Reihe von Gründen.

Die Manipulation des Hundes sollte nicht als wohlwollend, nett und fair missverstanden werden, nur weil es dabei für ein gezeigtes Verhalten eine Belohnung gibt. Der Gedanke ist ein auf einem Missverständnis beruhender Automatismus, der in unseren Köpfen fest verankert ist: Belohnung ist immer toll, Belohnung ist immer gut, Belohnung motiviert und macht Spaß. Im Augenblick der Belohnung empfindet das der Hund zweifellos auch so.

Dass wir in dem hier genannten Beispiel dem Hund aber überhaupt gar keine Gelegenheit gegeben haben, sein Verhalten dauerhaft zu ändern, das ist überhaupt nicht nett. Und fair ist es schon gar nicht.

Fair wäre, den Hund mit seinem Problem ernst zu nehmen, anstatt ihn wie ein Zirkuspferd zu manipulieren. Fair wäre, das Problem mit unserem Hund zu »diskutieren« und in der Folge zu lösen und nicht, ihm bei der nächstbesten Gelegenheit ein Softeis zu spendieren und so zu tun, als wäre alles in Butter.

Die beschriebene Arbeitstechnik mutet dem Hundehalter zu, auf den gemeinsamen Spaziergängen mit seinem Hund ständig eine Hab-Acht-Stellung einzunehmen. Eine solche Dauerbelastung aber widerspricht dem Wunsch der meisten Hundehalter nach einer entspannten und bereichernden Beziehung zu ihrem Hund. Wer kann unter diesen Umständen noch die Natur genießen? Oder sich an seinem Hund erfreuen?

Futter und Bälle haben nach meinem Dafürhalten nichts mit einer Konfliktlösung auf der sozialen Ebene zu tun. Gar nichts. Denn genau darum geht es hier, um die soziale Ebene. Es geht um die Frage, was sich abspielt zwischen Ich und Du – es geht um die Beziehung als solche. Der Halter möchte seinem Hund sagen können: »Benimm dich anständig und lass das Gepöbel.« Sein Hund aber sagt: »Tut mir leid, ich mach mir grad nichts aus Anstand. Ich verabscheue den vierbeinigen Typen da vorne wirklich von ganzem Herzen und werde ihm das auch unmissverständlich sagen.« Hund und Halter haben hier einen sozialen Konflikt, in dem der Hund die Handlungen des Menschen bestimmt und nicht umgekehrt.

Und selbst wenn der Hund infolge der Arbeitstechnik der Umlenkung im Handstand am anderen Hund vorbeitanzen würde, haben Hund und Halter ihr Problem nicht gelöst. Sie haben es nur verschoben.

Bis zum nächsten Mal!

Darüber hinaus sind Belohnungen in Form von Futter oder Ball hinfällig bei Hunden, die weder auf das eine noch auf das andere ansprechen. Diese Hunde sind gar nicht so selten. Was nun? Kein Blickkontakt?

Bei einem Hund, der Futter gerne als Belohnung annimmt, kann es dennoch passieren, dass ihm das Futterstückchen nicht halb so wichtig ist wie der entgegenkommende Typ, der ihm im Vorbeigehen leise »Mistkerl!« ins Ohr flüstert. Der ist ihm wichtig! Denn hier geht es nicht um Hunger oder Appetit, sondern um das eigene Prestige und das eigene Selbstwertgefühl. So manchem Hund ist das sehr viel mehr wert als eine Scheibe Salami!

Als pauschale Methode kann und darf diese Technik ohnehin nicht verstanden werden, da die Individualität der Hunde – und die ihrer Halter! – am Ende jede Methode infrage stellt. Dennoch wird die Methode pauschal angewandt. Und wenn es nicht klappt, dann wird es wohl mal wieder am Halter liegen.

Vielleicht mag die erwähnte Technik oder »Methode« bei einem Hund noch irgendwie einleuchten. Mit Hunden kann man solche Dinge machen – wenn man Hunde nicht ernst nimmt. Aber stellen Sie sich einmal vor, Sie hätten ein kleines Kind. Ihr Kind sieht leidenschaftlich gerne fern. Jeden Abend, wenn es ins Bett gehen soll, muss es am Fernseher vorbei. Kaum sind Sie mit Ihrem Kind auf der Höhe des Fernsehers, schreit es, tritt um sich, lässt sich auf den Boden fallen – es will unbedingt fernsehen und auf gar keinen Fall ins Bett. In diesem Augenblick haben Sie einen kleinen Interessenskonflikt mit Ihrem Kind. Und was machen Sie? Sie werden wohl kaum kurz vor dem Fernseher einen Nintendo® oder ein Gummibärchen aus der Tasche ziehen und Ihr Kind mit dieser »Karotte« am Objekt seiner Begierde vorbeilotsen. Sie wissen auch, warum Sie nicht so handeln würden. Ihre Argumentation ist einfach und pragmatisch: Wenn Sie es täten, hätten Sie den Konflikt mit Ihrem Kind nicht gelöst. Sie hätten ihn nicht nur nicht gelöst, sondern darüber hinaus Ihrem Kind auch noch deutlich gemacht, dass Sie gar nicht in der Lage sind, diesen kleinen Interessenskonflikt in Ihrem Sinne zu lösen.

Wie gesagt, wenn Ihr Kind im zwölften Stock am offenen Fenster auf dem Sims steht, ist alles erlaubt, wirklich alles. Aber im Fallbeispiel mit dem Fernseher?

Bei der Arbeit mit Hunden im Bereich sozialer Fragestellungen müssen Sie sich immer den Umkehrschluss vor Augen halten, wenn Sie Ihre Persönlichkeit an Futter oder an einen Ball koppeln. Ohne Futter oder Ball würden Sie von Ihrem Hund nicht ernst genommen, Sie spielten in seinen Entscheidungen dann keine Rolle mehr – ganz so, als hätten Sie und Ihre Persönlichkeit sich wie von Zauberhand in Luft aufgelöst. Wer wollen Sie für Ihr Kind sein – ohne einen Nintendo®?

Eine Frage wird mir diesbezüglich sehr häufig von ratlosen, fast verzweifelten Hundehaltern gestellt: »Wie soll ich denn zu meinem Hund eine Bindung aufbauen, wenn nicht über Futter oder Ball?« Eltern dagegen fragen nur in Ausnahmefällen: »Wie soll mein Kind mich denn lieben ohne Nintendo® und ohne Gummibärchen?« Bitte wie? Liebt das Kind Sie oder liebt es die Gummibärchen? Bindung geht weit über Futter und Ball hinaus! Mehr noch, Bindung hat mit Futter und Ball im Grunde genommen nichts zu tun.

Nehmen wir folgendes Beispiel. Ein Mensch geht mit seinem unangeleinten Hund über eine Wiese. In der Hand hält er einen Ball, den der Hund unbedingt haben möchte. Der Hund himmelt seinen Halter an und drängt sich beim Laufen dicht an ihn. Ist diese räumliche und körperliche Nähe ein Hinweis für eine gute Bindung zwischen den beiden? Wen – oder vielmehr was – schaut der Hund denn an: seinen Menschen oder den Ball?

Was zuvor über primäre und sekundäre Tugenden bereits in Bezug auf Sitz-Platz-Fuß gesagt wurde (S. 55), gilt auch beim Einfordern des Blickkontakts. Bei der Technik der Umlenkung geht es um das formale Abspulen eines Verhaltens: »Schau mich an. Ich habe etwas, was du haben willst und wenn du mich lange genug anschaust, bekommst du es auch!« Fordere ich aber aufgrund meiner Persönlichkeit und meiner Präsenz und Stellung gegenüber dem Hund den Blickkontakt ein, so lautet die Aufforderung: »Schau MICH an!«

Ich bemühe auch hier den Vergleich mit Kindern, weil er diesen Unterschied gut nachvollziehbar illustriert. Wenn Sie mit Ihrem Kind ein ernstes Gespräch führen, möchten Sie, dass es Sie dabei anschaut. Sie sagen: »Schau mich an, wenn ich mit dir spreche!« Sie gehen davon aus, dass Ihr Kind dies tun wird und kleben sich nicht schon vorsorglich ein Gummibärchen oder gleich einen ganzen Nintendo® zwischen die Augen, um dann auch noch dem Irrtum zu erliegen, Ihr Kind würde *Sie* anschauen. Sie selbst sind wichtig und sollten wissen, dass *Sie* angeschaut werden – und nicht Ihre Ausrüstung.

Zurück zum Hund: Wenn Sie dank eines über Ihre Persönlichkeit hergestellten Blickkontakts mit Ihrem sonst gerne pöbelnden Hund ruhig an einem anderen Hund vorbeigehen können, haben Sie meinen Respekt.

Problematisch an der Umlenkung ist nicht nur, dass das eigentliche Problem nicht gelöst, sondern lediglich umgangen wird.

Problematisch ist auch, dass sich Menschen aus der sozialen Verpflichtung nehmen. Diese Verpflichtung bedeutet, in der Beziehung nicht nur für klare soziale Strukturen zu sorgen, sondern diese auch dem Hund klar und verständlich zu vermitteln. Das wäre fair!

Viele kleinere und größere Probleme zwischen Hunden und Haltern könnten von vornherein vermieden werden, würde die soziale Verantwortung auf eine für den Hund klar erkennbare Weise wahrgenommen. Warum scheuen sich so viele Hundehalter, dies zu tun? Aus Angst, nun nicht mehr geliebt zu werden?

Da Sie dieses Buch in den Händen halten, werden Sie zum Thema Hund bereits einiges gelesen haben. Es dürfte Ihnen daher nicht schwerfallen, den neuesten, vordergründig alles revolutionierenden Trend in der Hundeerziehung auf den inhaltlichen Aspekt einer Umlenkung oder auch schlicht einer Ablenkung zu hinterfragen. Lassen Sie sich nicht von pseudointellektuellen Erläuterungen blenden – die angebotene »Methode« wird weder aktueller noch besser sein als die im Jahr zuvor.

Ein ganz banaler, aber unschätzbarer Vorteil der »Methode Persönlichkeit« ist der, dass Sie sich und Ihre Persönlichkeit immer bei sich haben. Letztere geht Ihnen nicht im hohen Gras verloren, sie versteckt sich nicht ausgerechnet inmitten mannshoher Brennnesseln, und falls Ihr Hund sich gerade den Magen vollgeschlagen hat, können Sie trotzdem noch mit ihm kommunizieren.

Ihre Persönlichkeit ist Ihr Hilfsmittel – mehr brauchen Sie nicht!

EIN SCHRITT VOR UND ZWEI ZURÜCK – DESENSIBILISIERUNG UND GEGENKONDITIONIERUNG

Kommen wir zur zweiten Arbeitstechnik in der Hundeerziehung, zur Desensibilisierung und Gegenkonditionierung. Diese Technik möchte ich am Beispiel eines sich aggressiv verhaltenden Hundes illustrieren. Merkwürdig vielleicht, aber mein Herz hängt ganz besonders an aggressiven Hunden. Heute, wo zahlreiche Hundebesitzer von sich behaupten, sie verstünden die »Hundesprache« und das Verhalten der Hunde, sind sie es, die am wenigsten verstanden werden. Sie werden in ihrer sozialen Entwicklung von den Menschen am meisten allein gelassen und sind am Ende noch die Schuldigen. Weil sie mir am Herzen liegen und immer schon einen Großteil meiner Arbeit mit Menschen und Hunden ausgemacht haben, bleibe ich bei meinem Beispiel.

Ein Hundehalter sucht eine Hundeschule auf, weil sich sein Hund anderen Hunden gegenüber mehr oder weniger aggressiv verhält, und zwar sowohl an der Leine als auch im Freilauf. Wie sieht nun die Arbeit einer Desensibilisierung und Gegenkonditionierung anhand dieses Beispiels aus?

Man beginnt außerhalb des Konflikts, also ablenkungsfrei. Der Hund lernt, dass er eine Belohnung bekommt, wenn er sich hinsetzt und den Hundehalter anschaut. Dieses Verhalten wird in Verbindung mit dem Stehenbleiben des Hundehalters erlernt. Der Hundehalter geht also mit seinem Hund los und bleibt kurz darauf stehen. Zunächst wird der Hund nun mit dem Wort »Sitz!« zum Hinsetzen aufgefordert. Sitzt er, folgt ein beliebiges Geräusch, das den Hund dazu veranlassen soll, Blickkontakt mit seinem Halter zu suchen. In dem Moment, in dem der Hund sitzt und Blickkontakt hält, bekommt er sofort eine Belohnung. In aller Regel ist es eine Futterbelohnung, gelegentlich wird aber auch ein Ball eingesetzt.

Kann sowohl das Sitzen als auch der Blickkontakt zuverlässig eingefordert werden, wird – immer noch ablenkungsfrei – der zweite

Schritt antrainiert. Jetzt geht es darum, dass der Hund ohne zusätzliche verbale Aufforderung sich beim Stehenbleiben des Halters setzt und Blickkontakt mit ihm aufnimmt. Der Hundehalter geht auch hier mit seinem Hund los und bleibt kurz darauf stehen. Jetzt aber sagt er nichts, folglich wird der Hund sich zunächst auch nicht hinsetzen. Immer vorausgesetzt, der Hund hat Hunger oder zumindest ausreichend Appetit, befindet er sich nun in einem kleinen Konflikt. Die Lösung hierzu soll er selbstständig herausfinden: Er soll sich hinsetzen und seinen Halter anschauen. Anfangs zeigt sich der Hund vermutlich etwas hilflos. Wie kommt er an das Futter? Manche Hunde tänzeln hin und her, manche fiepen, andere legen sich hin und wieder andere kratzen sich im Nacken oder gähnen ein wenig in der Gegend herum. Jegliches vom Hund in diesem Findungsprozess gezeigte Verhalten wird vom Hundehalter überhaupt nicht beachtet – gemeinhin als ignorieren bezeichnet. Da nun alle Möglichkeiten, die der Hund sich so ausgedacht hat, bislang nicht zum gewünschten Ziel (Futter) führten, ist es recht wahrscheinlich, dass dem Hund irgendwann einmal das zuvor antrainierte Verhalten, nämlich sich hinzusetzen und seinen Menschen anzuschauen, einfallen wird. Beim ersten Zeigen dieser erwünschten Lösung bekommt der Hund die Belohnung.

Lösungen, die Hunde wie beschrieben selbstständig finden, bezeichnet man als äußerst stabil.

Nun wird dies so lange wiederholt, bis der Hund das gewünschte Verhalten zuverlässig zeigt. Ist das der Fall, geht es los und ein anderer Hund kommt mit ins Spiel.

Stellen Sie sich einen langen, geraden Weg vor, einen Feldweg vielleicht. Am einen Ende des Weges steht der Probandenhund, am anderen steht unser Kandidat mit seinem Halter. Der Hundehalter nähert sich nun mit seinem angeleinten, zu aggressivem Verhalten anderen Hunden gegenüber neigenden Hund dem Probandenhund. Nun muss äußerst penibel darauf geachtet werden, dass der aggressive Hund den Probandenhund einerseits zwar schon gesehen hat, andererseits ihm gegenüber aber noch keinerlei aggressives Verhalten zeigt. Hat sein Hund den Probandenhund gesichtet, bleibt der Hundehalter sofort stehen. Auch hier ist unbedingte Voraussetzung für den Trainingserfolg, dass der Hund zumindest so etwas wie Appetit verspürt. Der Halter fordert nun wie anfänglich geübt seinen Hund über das Wort »Sitz« und das entsprechende Geräusch zum Hinsetzen und zum Blickkontakt auf.

Ist nach entsprechenden Wiederholungen eine hinlängliche Festigung dieses Verhaltens erreicht, folgt das Gleiche erneut, jetzt aber ohne verbale Aufforderung und ohne das entsprechende Geräusch.

Erst wenn sich der Hundehalter mit seinem sich potenziell aggressiv verhaltenden Hund dem am anderen Ende des Feldwegs stehenden Probandenhund entspannt nähern kann und sich der zu trainierende Hund beim Anblick seines vermeintlichen »Feindes« ohne Aufforderung hinsetzt und seinen Halter ansieht – und jetzt seine Belohnung bekommt –, nähert sich der Hundehalter dem Probandenhund um eine weitere, individuell festzulegende Strecke. Bei der Annäherung an den Probandenhund ist es zwingend notwendig, dass der potenziell aggressive Hund kein aggressives Verhalten zeigt. Um dieses Ziel zu erreichen beziehungsweise die bis dahin geleistete Arbeit nicht zu gefährden, ist eine entsprechend vorsichtige Annäherung an den Probandenhund angezeigt. Die Arbeit wird so lange fortgesetzt, bis der potenziell aggressive Hund mit Blickkontakt zu seinem Halter entspannt neben dem Probandenhund sitzen kann.

Die desensibilisierende Wirkung dieser Arbeitstechnik besteht darin, dass der Hund die Nähe des Probandenhundes nunmehr ertragen kann. Die Gegenkonditionierung ist die Folge der Verknüpfung, dass der zu trainierende Hund sich unmittelbar beim Anblick des Probandenhundes hinsetzen und seinen Halter anschauen kann. Er verknüpft also jetzt den zuvor das unerwünschte Verhalten auslösenden Reiz (den Probandenhund) mit einem neuen Verhalten (Hinsetzen, Blickkontakt) und einer Belohnung.

Diese Arbeitstechnik wird sowohl von zahlreichen Hundetrainern als auch von den meisten Verhaltenstherapeuten propagiert. Mit dieser Technik arbeitende Verhaltenstherapeuten, Hundeschulen und Hundetrainer erkennt man meist daran, dass sie in ihrer Werbung und auf ihrer Homepage an prominenter Stelle deutlich zum Ausdruck bringen, sie arbeiteten ausschließlich mit positiver Belohnung. Darüber hinaus fehlt so gut wie nie der Zusatz, man arbeite »nach neuesten wissenschaftlichen Erkenntnissen«. Das hat was: alles mit Belohnung erreichen oder schlimmstenfalls den Hund ignorieren, immer nach den neuesten Erkenntnissen der Wissenschaft.

Hinter dieser Arbeitstechnik stecken tatsächlich wissenschaftliche Erkenntnisse – neu sind sie allerdings nicht. Es ist richtig, dass man über Desensibilisierung und Gegenkonditionierung Verhaltensweisen von vielen Lebewesen verändern kann. Theoretisch!

Die wissenschaftlichen Arbeiten, die im Bereich der Lerntheorie und der Verhaltenstherapie gemacht wurden und werden, erfordern die Wiederholbarkeit und die Messbarkeit der Ergebnisse unter gleich bleibenden Bedingungen. Man sagt dann, dass die eine bestimmte These stützenden grundlegenden wissenschaftlichen Arbeiten »unter Laborbedingungen« stattgefunden haben. Laborbedingungen werden grundsätzlich so gestaltet, dass die Rahmenbedingungen immer gleich optimal sind. Als Wissenschaftler habe ich eine Zielvorgabe, nämlich zu beweisen, dass das Verhalten von Lebewesen über Desensibilisierung und Gegenkonditionierung veränderbar ist.

Mit dieser Zielvorgabe im Kopf räumt der Wissenschaftler erst einmal alle Hindernisse, die den Beweis einer Machbarkeit infrage stellen, beiseite – er schafft sich also optimale, nicht angreifbare Rahmenbedingungen, um seine These zu beweisen. Unter diesen Voraussetzungen stimmt die von ihm aufgestellte These, Verhalten lasse sich auf die beschriebene Art und Weise modifizieren.

Wer aber lebt schon unter Laborbedingungen? Das wirkliche Leben sieht ganz anders aus. Dem Probandenhund beispielsweise reißt nach der zehnten Wiederholung der Geduldsfaden und er bellt unseren Kandidaten an. Ein Terrierrüde schießt ohne den Umweg einer höflichen Ankündigung aus einer Hofeinfahrt – einfach so! Läufige Hündinnen pinkeln rücksichtslos mitten auf den Feldweg und scheren sich keinen Deut darum, dass hier gerade eine verhaltenstherapeutische Maßnahme stattfindet.

Die Wissenschaft aber unterscheidet hier nicht zwischen Beagle und Terrier und auch nicht, ob es sich um einen pubertierenden Rüden handelt, den seine Hormone treiben oder um einen älteren Hund, der die Welt bereits um einiges gelassener betrachtet. Würde sie es tun, wäre es mit der Vergleichbarkeit vorbei. Für die Wissenschaft ist hier Lebewesen gleich Lebewesen und Verhalten gleich Verhalten.

Unser Hund und wir aber sind umgeben von einer Welt, die von zahlreichen und vor allen Dingen von nicht vorhersehbaren Faktoren bestimmt wird.

Im wirklichen Leben gibt es so etwas wie Stimmungen und Launen. Menschen haben Beziehungen, sie haben Stärken und Schwächen, gute und schlechte Tage. Ganz abgesehen von den vorhandenen sozialen Bindungen, die auch im Bereich des Lernens eine sehr wichtige Rolle spielen.

Ein weiterer, ganz pragmatischer Einwand gegen diese Arbeitsweise mit problematischen Hunden ist der, dass man sich bei der Desensibilisierung und Gegenkonditionierung für einen sehr langen Weg entscheidet.

Der Weg ist so lang, dass Rückfälle geradezu unvermeidlich sind. Halb so schlimm, mögen Sie denken, doch ein Rückfall hier bedeutet sowohl theoretisch als leider auch praktisch zurück auf Feld eins – die Arbeit muss erneut von vorne aufgebaut werden.

Stellen Sie sich vor, Sie hätten mit einem Abstand von 100 Metern zum Probandenhund begonnen. Bei 25 Metern Abstand zwischen Ihnen und dem Probandenhund flitzt ein kleiner Terrier quer über den Weg und kläfft Ihren Hund an. Verhält Ihr Hund sich dem Terrier gegenüber nun aggressiv, müssen Sie die Arbeit bei 25 Metern Abstand abbrechen und relativ weit zurück wieder von Neuem beginnen.

Stellen wir uns andererseits vor, Ihr Probandenhund ist ein belastbarer und sich nicht aggressiv verhaltender Hund und der Terrier spurtet an einer ganz anderen Stelle über den Feldweg. Sie üben wochenlang und können sich dem Probandenhund bereits sehr weit nähern, ohne dass Ihr Hund sich aggressiv verhält.

Was glauben Sie passiert, wenn Sie dieses gute Ergebnis auf andere Hunde übertragen wollen? Ich kann es Ihnen verraten. Da die anderen Hunde Ihre lerntheoretischen Ansätze weder kennen, noch sich für derartige Belange im Mindesten interessieren, werden sie sich wie ganz normale Hunde verhalten. Sie werden vielleicht ausgerechnet dann Ihren Hund anbellen, wenn Sie es gerade überhaupt nicht gebrauchen können. Sie waren nicht gut vorbereitet oder standen unter Zeitdruck. Und wieder beginnen Sie mit Ihrer Arbeit von vorne!

Für viele Menschen ist diese Art der Arbeit mit ihrem täglichen Leben schlichtweg nicht vereinbar. Stellen Sie sich vor, Sie hätten zwei Kinder in einem Alter, in dem sie die Welt erkunden und alles ausprobieren wollen. Ein Kind läuft nach links, das andere nach rechts. Sie laufen mit Ihrem Hund in der Mitte und Ihnen nähert sich von vorne ein fremder Hund. Ach, noch eine Kleinigkeit: links befindet sich die stark befahrene Straße, rechts der tiefe Dorfteich. Was nun?

Nicht unerwähnt soll bleiben, dass es durchaus Einzelfälle gibt, in denen diese Arbeitsweise sinnvoll ist und zu guten Ergebnissen führen kann. Diese sind vorrangig im Bereich ängstlichen Verhaltens in Bezug auf bestimmte Objekte zu finden, in der eine schrittweise

Annäherung an den die Angst auslösenden Reiz durchaus Erfolg versprechend ist.

Nur sollte nicht auf Teufel komm raus eine Arbeitstechnik pauschal jedem Fall übergestülpt werden – ungeachtet dessen, ob sie dem Problem angemessen ist oder in das jeweilige Leben von Hund und Halter passt.

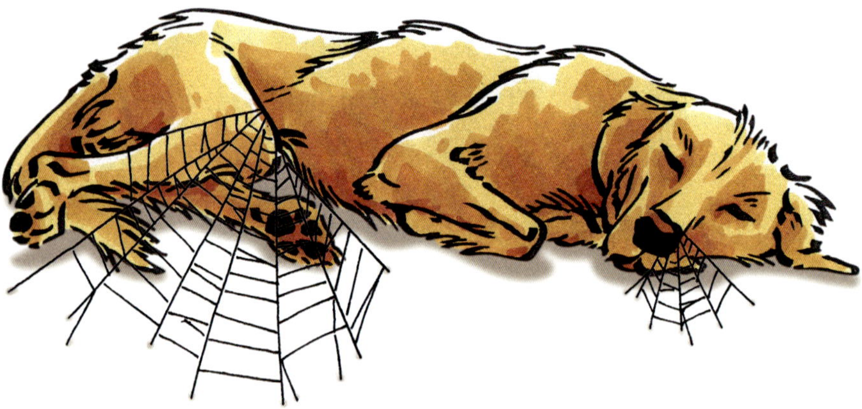

DIE KONFLIKTANNAHME

Die dritte Herangehensweise an einen Konflikt ist die der Konfliktannahme. Aber was heißt das? Zunächst einmal heißt es, dass ich mich als Halter mit einem Lebewesen auseinandersetze.

Auseinandersetzungen nicht nur nicht zu scheuen, sondern gelegentlich zwecks Klärung einer Absprache sogar aktiv herbeizuführen, das sollte ein Hundehalter können.

In der Mensch-Hund-Beziehung ist er der Erziehungsberechtigte. Er muss diese – selbst gewählte! – Rolle wahrnehmen und sinnvoll ausfüllen, da er die Verantwortung für seinen Hund übernommen hat.

Bei einer Auseinandersetzung geht es nicht unbedingt harmonisch zu – dennoch ist Harmonie, also die Abstimmung beider Parteien auf eine vereinbarte Regelung, das Ziel sozialer Reibung. Konfliktbereitschaft und Konfliktfähigkeit stehen einer harmonischen Beziehung nicht nur nicht entgegen, sie bilden ihre Grundlage und machen sie überhaupt erst möglich. So wie ein Streit unter Menschen klärend wirken kann – sofern sich die Streitpartner gegeneinander fair verhalten – so dient auch die Auseinandersetzung mit unserem Hund der Klärung der Verhältnisse. Wie in einem Konfliktfall unter Menschen auch, ist Fairness ausschlaggebend für eine erfolgreiche Kommunikation mit unserem Hund.

Fair ist es, den Hund in seinem Anliegen ernst zu nehmen und ihm verständlich klar zu machen, was von ihm erwartet wird beziehungsweise was gefordert ist.

Fair ist es, ihm den Weg zu einer Lösung zu ebnen, ihn diese aber eigenständig finden zu lassen und ihn nicht wie eine willen- und somit würdelose Kreatur auf die mittels diverser Hilfsmittel konditionierte Abfolge verschiedener Kunststückchen zu beschränken.

Hierzu bedarf es eines sachkundigen Halters, der die Fragen seines Hundes nicht nur richtig deuten kann, sondern sich auch über die möglichen Antworten im Klaren ist. Ein Halter, der seinen Hund – ungeachtet der Intensität der emotionalen Bindung – nicht als gleichberechtigten Partner sieht. Ein Hund ist und bleibt ein Hund.

> Nicht als gleichberechtigter Partner, sondern eben gerade als Hund hat er ein Recht auf eine stabile Begrenzung, einen sicheren Rahmen, innerhalb dessen er sich frei bewegen und Hund sein darf. Zu den Freiheiten, die durch eine souveräne Begrenzung überhaupt erst möglich sind, gehören der Freilauf und der tägliche Kontakt zu Artgenossen, aber auch die Gelegenheit, sich in unserem Sinne mal danebenzubenehmen und Dinge zu tun, die wir Menschen nicht so sonderlich appetitlich finden.

Nicht wenige Halter sind unangenehm berührt, wenn ihr Liebling, der kurz zuvor treu und ergeben neben ihnen auf dem Sofa gelegen hat, im Freilauf nicht nur ein niedliches Mäuschen in Todesangst versetzt, sondern diesem beherzt und ohne den leisesten Anflug eines Zweifels oder Zögerns unbarmherzig das Genick bricht. Nicht weniger pikiert sind sie, wenn ihr Hund nach kurzer Abwesenheit im Gebüsch einen ganz und gar anderen Geruch angenommen hat und sich darüber hinaus in seinem neuen Duft-Outfit sichtlich wohlfühlt.

> Doch einen Konflikt anzunehmen und die gestellte Frage auf souveräne Art und Weise deutlich, also verständlich, zu beantworten – dafür gibt es weder eine Methode noch ein geeignetes Hilfsmittel. Keine Schritt-für-Schritt-Anleitung, kein Klicker,

kein Ball, kein Würstchen. Nur Sie und Ihr Hund und eine Frage im Raum. Wenn SIE, und nicht der Klicker, der Ball oder das Würstchen, Ihrem Hund die von ihm gestellte Frage beantworten, entsteht das, wonach sich alle sehnen, nämlich Bindung.

Was aber ist Bindung? Biologisch betrachtet, werden von einem Bindungspartner Bedürfnisse signalisiert, die in der Folge von seinem Gegenüber angemessen beantwortet werden – und umgekehrt. Das klingt ziemlich abstrakt und könnte sich in Ihrem Wohnzimmer folgendermaßen abspielen: Ihr Hund setzt sich zu Ihnen und lehnt seinen Kopf in Erwartung Ihrer streichelnden Hand an Ihr Knie. Sie streicheln Ihren Hund, der sich nach einer Weile wieder trollt. Ihr Hund signalisiert also das Bedürfnis, gestreichelt zu werden. Sie wiederum beantworten dieses Bedürfnis nach körperlicher Nähe prompt und ohne weiter darüber nachzudenken. Wäre es ein vollkommen fremdes Wesen, das sein Anliegen so unvermittelt bei Ihnen anmeldet, würden Sie vielleicht zögern oder gar nicht darauf reagieren. Umgekehrt können Sie ihm auch mal ins Fell heulen, ohne dass er sich sofort entsetzt zurückzieht. Das alles ist nur möglich, weil Sie und Ihr Hund Bindungspartner sind. Es geht also um Zuwendung, Ansprache, Zärtlichkeit, Schutz und Trost und ist verbunden mit der Suche nach räumlicher Nähe, die wiederum dem Gefühl der Sicherheit dient. So halten sich Bindungspartner häufig näher zueinander auf als zum Rest einer Gruppe. Sie müssen sich dabei nicht unbedingt ansehen oder berühren, aber die Distanz zwischen Ihnen ist geringer als die zu anderen.

Indem der Hundehalter seinem Hund einen festen, verbindlichen Rahmen bietet und diesen in einer Art und Weise vermittelt, die vom Hund verstanden werden kann, bietet der Halter seinem Hund Sicherheit. Sicherheit wiederum – und nicht der appetitanregende Duft einer Salamischeibe – ermöglicht dem Hund eine Orientierung am Menschen. Vom sich vergewissernden Blick zurück über das Ertragen einer zeitlich begrenzten Trennung bis hin zur Abrufbarkeit im Freilauf trotz Ablenkung – all das setzt voraus, dass der Hund sich an seinem Halter orientiert, ihm vertraut und sich folglich gut aufgehoben bei ihm fühlt. Es setzt also Bindung voraus.

Dem Hund innerhalb des Mensch-Hund-Teams einen festen Platz zuzuweisen und ihm die Gelegenheit zu geben, sich vertrauensvoll an seinem Halter zu orientieren, ist mit einer demokratischen, also einer partnerschaftlichen Herangehensweise unvereinbar. Weder ist der Hund ein gleichberechtigter Partner noch entspricht es seinen Bedürfnissen, ein solcher zu sein. Gerade Letzteres wird häufig seitens wohlmeinender Halter übersehen. Indem Sie Ihrem Hund einen ebenbürtigen und damit auch zu eigenen Entscheidungen berechtigten Platz einräumen, muss der Hund in der Folge zwangsläufig eine Aufgabe erfüllen, der er fast immer nicht gewachsen ist. Fällt er dann Entscheidungen so, wie ER sie für richtig hält, sind es aus menschlicher Sicht meist die falschen Entscheidungen. Das aber ist unfair: Erst soll der Hund entscheiden, kaum aber entscheidet er, entscheidet er falsch. Warum ihm nicht gleich deutlich zeigen, was man von ihm erwartet?

Ein Hund, der innerhalb eines vom Menschen abgesteckten Rahmens lebt – wobei dieser Rahmen je nach Halter und Umfeld individuell durchaus sehr unterschiedlich sein kann – ist emotional geborgen, fühlt sich also sicher und kann sich folglich entspannen. Nicht jeden Störfall des Lebens (Postbote, Begegnungen mit anderen Hunden, Türklingel, alleine bleiben) muss er im vergeblichen Versuch, diesen zu beheben, lautstark kommentieren. Stattdessen wendet sich ein solcher Hund an seinen Halter und sagt: »Mach du mal. Ich weiß ja, auf dich kann ich mich verlassen.«

MODETRENDS UND IHRE FOLGEN

POSITIV VERSTÄRKT DURCHS LEBEN – DAS KLICKERTRAINING

Als das Buch »Don't Shoot the Dog!« der amerikanischen Zoologin und Tiertrainerin Karen Pryor 1985 auf den Markt kam, löste es nicht nur in den Vereinigten Staaten eine neue Erziehungswelle aus. Auch in Deutschland, wo das Buch unter dem ansprechenden Titel »Positiv verstärken – sanft erziehen« erschien, klickerten die Menschen bald auf jeder noch so kleinen innerstädtischen Grünfläche um die Wette. Kein Spaziergang, der nicht durch stakkatoartige Klicks untermalt wurde, kein Plausch unter Hundehaltern, bei dem der neue Erziehungstrend nicht Dauerthema gewesen wäre.

Was reizt so viele Hundehalter an dieser Erziehungsmethode? Was versprechen sie sich von dem neuen Training? Kann man mittels des Klickertrainings Verhaltensauffälligkeiten des Hundes in den Griff bekommen? Hören »geklickerte« Hunde besser, wenn ihr Halter sie ruft? Sind sie Artgenossen gegenüber durchweg friedlich, nur weil sie »geklickert« sind? Beißen sie Postboten niemals ins Bein? Kläffen sie nicht, wenn es an der Haustür klingelt?

Sowohl Klickertraining als auch Desensibilisierung und Gegenkonditionierung sind zunächst einmal lerntheoretische Ansätze zur Modifizierung von Verhalten. Mehr nicht. Bestrafende Maßnahmen am Hund spielen beim Klickertraining sowohl theoretisch als auch in der Praxis keine Rolle. Wissenschaftlich gesehen hat also das Klickertraining nichts mit einer Weltanschauung zu tun. Dennoch ist es Karen Pryor gelungen, einen philosophischen Ansatz in den Text einzubinden. Die Lerntheorie wurde nunmehr mit philosophisch-moralischen Grundsätzen unterlegt. Bestrafung (integraler Bestandteil der Lerntheorie) in der Erziehung von Hunden wurde aus weltanschaulichen Gründen abgelehnt. Während des Lesens bekommt man das Gefühl, nur so sei Erziehung moralisch wertvoll und damit erstrebenswert. So schnell kommt man von der Wissenschaft zur Ideologie!

Erziehung ist so in der Tat edel und gut – nur leider an der Realität vorbeigedacht. Es bleibt eine schöne Philosophie, ein verständlicher Anspruch auf eine Welt ohne Strafe und Schmerz.

Beim Klickertraining wird ein neutrales, immer gleich bleibendes Geräusch, der sogenannte Klicker, zum Bestätigen eines erwünschten Verhaltens eingesetzt. Das Klickgeräusch ist für den Hund zunächst bedeutungslos. Konditioniert wird zu Beginn klassisch, indem man unmittelbar vor der Gabe einer kleinen Futtermenge das Klickgeräusch auslöst. Der Hund lernt nun, dass auf das Klickgeräusch *immer* Futter folgt, das Klicken also eine Futtergabe ankündigt. Im weiteren Trainingsverlauf dient das Geräusch selbst als Markierungssignal für den Augenblick, in dem das erwünschte Verhalten gezeigt wird. Das kann man sich wie einen fotografischen Schnappschuss vorstellen. Weil das Klickgeräusch die Futterbelohnung lediglich ankündigt, spricht man auch von einem Brückensignal, da es die Zeitspanne zwischen erwünschtem Verhalten und der darauf folgenden Belohnung überbrückt.

Ein Vorteil des Klickers ist seine unmittelbare und punktgenaue Einsatzmöglichkeit zur Bestätigung eines Verhaltens. Ein weiterer – vermeintlicher – Vorteil ist der, dass das Klickgeräusch im Gegensatz zur menschlichen Stimme von Stimmungen und Emotionen gänzlich losgelöst ist. Klickern ist folglich nicht an eine bestimmte Bezugsperson oder eine gewachsene Beziehung gebunden, es setzt keine vertrauensvolle Bindung, sondern lediglich eine erfolgreiche klassische Konditionierung voraus.

Darüber hinaus ist das Klickertraining generell nicht geeignet, unerwünschtes Verhalten zu unterbinden oder abzugewöhnen, weil es hierfür überhaupt keine Handhabe bietet. Beim Klickertraining wird ausschließlich erwünschtes Verhalten durch eine Belohnung verstärkt. *Alles, was nicht erwünscht ist, wird nicht bewertet.*

Was aber lernt der Hund mittels des Klickertrainings?

Die in der Hundeerziehung angewandte Form der Klickertechnik wurde ursprünglich bei der Ausbildung von Delfinen angewandt. Die Delfine sollten bestimmte Verhaltensweisen erlernen, die man unter dem Stichwort »Kunststücke« zusammenfassen kann. Beispielsweise sollten sie lernen, durch einen aufgespannten Reifen zu springen, auf ihrer Schwanzflosse aufrecht stehend auf dem Wasser zu tanzen, Saltos vor- und rückwärts zu vollführen oder einen Ball auf der Nasenspitze zu balancieren.

Unsere Hunde aber sollen etwas ganz anderes lernen, nämlich wie man sich in unserer Welt sozial angemessen verhält. Dazu gehören unter anderem auch kleine konditionierte Kunststückchen, doch das vorrangige und übergeordnete Ziel ist ein angepasstes Sozialverhalten: Verträglichkeit mit Menschen und anderen Hunden, Ausgeglichenheit, Umweltsicherheit, Frustrationstoleranz. Diese Ziele haben mit einem Kunststück nichts zu tun – sie haben mit uns zu tun.

Um sie dem Hund zu vermitteln, müssen wir uns mit ihm auseinandersetzen. Es handelt sich hierbei jedoch gerade nicht um eine Auseinandersetzung mit einem Gegenüber, aus dem wir lediglich eine ganz bestimmte, vorher von uns festgelegte Reaktion herauskitzeln wollen. Eine schlichte Konditionierung führt uns nicht zum Ziel. Den sozial verlässlichen Partner Hund zu formen, ist eine sehr emotionale Angelegenheit, die zudem rund um die Uhr und nicht nur zu bestimmten Trainingszeiten stattfindet.

Die Klickertechnik dagegen ist eine kalte und sterile Technik, in der emotionale Komponenten ganz bewusst ausgenommen sind. Ein immer gleiches Tonsignal kündigt eine Futterbelohnung genau in dem Augenblick an, in dem der Hund ein erwünschtes Verhalten oder aber ein Teilstück aus einer Kette erwünschten Verhaltens zeigt. So kann man beispielsweise das Verhalten »Schau mich an« konditionieren. Doch um das gezeigte Verhalten in ein »Schau *MICH* an!« zu verwandeln, muss ich mich selbst mit einbringen. Auch das gehört zum Stichpunkt »Fairness«: mich dem Hund gegenüber als Mensch, ja mehr noch: als *SEIN* Mensch erkenntlich zu zeigen.

Stellen wir uns einmal vor, wir würden unsere Kinder mittels des Klickers erziehen oder auch nur bestimmte erwünschte Verhaltensweisen auf diese Weise konditionieren. Zunächst einmal müssten wir das Kind auf das Geräusch konditionieren. Klick – Gummibär, Klick – Gummibär, Klick – Gummibär. Das allein würde bei den meisten Eltern und Erziehenden vermutlich bereits ein mulmiges Gefühl auslösen. Ist dies getan, könnten wir mittels dieser Technik alles, was das Kind gut macht, verstärken sprich belohnen. So weit, so gut. Aber wir belohnen in einer immergleichen Stimmung ohne emotionale oder persönliche Bezüge. Stellen Sie sich nun vor, es ist *IHR* Kind. Ihr Kind macht etwas ganz toll. Das Normalste der Welt wäre jetzt, sich als Eltern zu freuen und diese Freude dem Kind mitzuteilen. Aber nein, wir haben ja den Klicker. Statt einer liebevollen Umarmung, mit der wir nicht nur ein Lob aussprechen, sondern Freude, Wärme und Zuneigung, kurzum unserem Kind unsere Liebe mitteilen, klickt es kurz, dann schwebt ein Gummibärchen vom Himmel. Glauben Sie wirklich, dass diese Art von »Lob«, herausgelöst aus allen sozialen Bezügen, der Bindung zwischen Ihnen und Ihrem Kind zuträglich ist?

Übrigens ist die Klickertechnik alles andere als neu. Neu ist lediglich die Vermarktung einer recht alten Methode der Arbeit mit Tieren. Bereits im Mittelalter, wenn nicht weit davor, haben Menschen Tieren auf diese Art und Weise Dinge beigebracht. So zum Beispiel die Gaukler jener Tage, die mit ihren Tieren auf Volksfesten und Märkten gastierten. Schon damals gab es zahlreiche Künstler, die mit Hunden aufgetreten sind, andere mit Pferden oder Vögeln.

Viel später ist dann diese Technik bei Delfinen angewandt worden. Doch nicht nur bei Delfinen, auch bei Hühnern, bei Pferden, bei Schafen und Ziegen konnte man mittels dieser Arbeitstechnik bemerkenswerte Lernleistungen erreichen. Auch mit Kühen und Schweinen können Sie, wenn Sie Lust dazu verspüren, ein Sitz-Platz-Fuß einstudieren. In unterschiedlichem Perfektionsgrad ist das durchaus möglich!

Eines jedoch gibt es beim Vergleich Hund zu Pferd, Huhn, Ziege, Schaf, Schwein und Rind zu bedenken. Hunde nehmen im Zusammenleben mit dem Menschen eine einzigartige Sonderstellung ein: Sie leben mit uns zusammen im Haus! Alle anderen genannten »Haus«-Tiere leben draußen, teilweise in Stallungen oder, wie der Delfin, ganz »artgerecht« im Bassin. Die soziale Sonderstellung des Hundes in unserem Leben birgt gewisse Schwierigkeiten, die es mit Pferd und Konsorten in dieser Form nicht gibt. Kein Pferd lebt mit im Haus und kuschelt abends vor dem Fernseher mit seinem Halter auf dem Sofa. Keine Kuh muss mit dem Menschen einen ganzen Tag gemeinsam in der Wohnung verbringen. Kein Delfin wird durch den Stadtpark geführt und lebt den Rest des Tages mit uns in Haus und Garten. Kein Schwein schläft nachts mit uns im Bett ... obwohl es da Ausnahmen geben soll.

Das Schwierige und zugleich Schöne im Zusammenleben mit dem Hund sind die zahlreichen sozialen Reibungspunkte im täglichen Miteinander. Die Innigkeit, die dieses enge Zusammenleben ermöglicht, birgt aber auch ein spannendes und faszinierendes Risiko. Nie hatten Hunde mehr Möglichkeiten, ihre Menschen kennenzulernen, als heute.

Der Hund beobachtet uns mit all unseren Stärken und Schwächen. Zu Letzteren zählen, aus seiner Sicht, unsere unzureichenden Führungsqualitäten, die Entfremdung von der Natur und die mangelnde Fähigkeit, Erziehungsfragen aus dem Bauch heraus zu regeln.

Diese Schwächen bieten dem Hund geradezu optimale Bedingungen, seine Möglichkeiten auszuloten, sozial zu explorieren und sich beispielsweise in der Familie emporzuarbeiten. Hunde haben täglich ganze vierundzwanzig Stunden Zeit, ihre Menschen zu beobachten, deren Verhalten zu katalogisieren und ihre Schlüsse daraus zu ziehen. Einem Hund muss niemand erklären, wie Verhaltensbeobachtungen durchgeführt werden – darin sind sie uns haushoch überlegen. Welchen guten Grund gäbe es, diese Überlegenheit nicht auszunutzen, wo es doch um mehr Prestige, mehr Status, mehr Fressen, also um mehr eigenen Raum, sprich Spielraum, im Leben geht?

Ein solches Beispiel bietet der Hund einer jungen Trainerin, die wir der Einfachheit halber wieder Frau X. nennen. Sie wollte sich und der Welt beweisen, dass man einen Hund ausschließlich über »positive Verstärkung« und damit »gewaltfrei« zu einem angenehmen, gut sozialisierten Begleiter erziehen kann. Sie entschied sich für einen Schäferhund, den sie als Welpen zu sich holte. Bereits in diesem zarten Alter wurde der kleine Hund beklickert, was das Zeug hielt. Im Lokal, in der Wohnung, im Garten, auf der Straße, im Stadtpark, wo auch immer. Klick – Futter. Klick – Futter. Richtig – Futter. Richtig – Futter.

Tatsache ist, dass Lebewesen aller Art richtiges, das heißt der Situation angepasstes Verhalten unter anderem dadurch lernen, zunächst Fehler zu machen. Von diesen Fehlern geht die Welt bekanntlich nicht unter. Im Klickertraining merkt der Hund das »Falsch« daran, dass eine Handlung nicht belohnt wird. Abgesehen vom Ausbleiben der Belohnung aber zieht eine falsche oder unerwünschte Handlung keinerlei Konsequenzen nach sich.

Nehmen wir noch einmal ein Beispiel aus dem Zusammenleben mit Kindern. Es ist ein schöner, lauer Sommerabend und Familie M. beschließt, gemeinsam beim Italiener essen zu gehen. Die Kinder bestellen Spaghetti, natürlich mit Tomatensoße. Beim Essen zeigt sich der Älteste, Pascal, gewohnt experimentierfreudig und schnippt der leicht aufgedunsenen Dame am Nebentisch eine Nudel in den Ausschnitt. Die ausschließlich positiv erziehenden Eltern verziehen keine Miene. Die Flugroute der Nudel haben sie zwar grob verfolgt, dürfen diese aber nicht bewerten. Das Kind darf nicht bestraft oder zur Ordnung gerufen werden, stattdessen wird unerwünschtes Verhalten einfach laufen gelassen.

Die Dame am Nebentisch, die sich nach einem anstrengenden Tag auch auf einen schönen Abend beim Italiener gefreut hatte, sagt ebenfalls nichts – obwohl ihre der Schwerkraft unterliegenden Mundwinkel einiges über ihre innerliche Verfassung verraten.

Wie soll es nun weitergehen? Die Eltern müssten abwarten, bis das Kind ein erwünschtes Verhalten zeigt. Das kann dauern. Nehmen wir einmal an, sie müssten so lange warten, bis im Ausschnitt der Dame am Nebentisch viele Nudeln kleben. Sie würden seelenruhig weiteressen und sich nicht um ihr Kind kümmern. Das wäre nicht nur dem Kind gegenüber unfair, es wäre auch der Umwelt gegenüber ein asoziales, also der Gemeinschaft abträgliches Verhalten. Zu guter Letzt würde Pascal sich wieder seinem Teller zuwenden und weiteressen. Weiteressen ist erwünscht, ergo Klick – Gummibär!

Was aber ist aus der schönen Stimmung vom Anfang des Abends noch übrig geblieben? Wie fühlt sich die Dame am Nebentisch? Und was hat Pascal hier wirklich gelernt?

Auf den Hund übertragen sähe dieses Beispiel vielleicht so aus: Der Hund sieht den Jogger und rennt ihm hinterher. Man lässt ihn einen Menschen (!) jagen – eine Situation, in der der betreffende Jogger je nach Hund und eigener Gemütsverfassung möglicherweise durch die Hölle geht. Kommt der Hund irgendwann zurück und geht brav an der Seite seines Halters, wird er für sein vermeintlich vorbildliches Verhalten belohnt: Klick – Futter.

Was hat der Hund hier wirklich gelernt? Wofür ist er am Schluss belohnt worden – wirklich für das brav an der Seite gehen?

Dass falsche oder unerwünschte Verhaltensweisen keine Konsequenzen nach sich ziehen, ist ein im gesamten Tierreich gänzlich unbekanntes Phänomen. Denn dort wird sanktioniert. Zunächst freundlich, aber wenn es sein muss auch sehr eindeutig. Konflikte werden dort nicht unter den Teppich gekehrt, sondern im Gegenteil sogar explizit heraufbeschworen. Etwa um des Konfliktes willen? Mitnichten. Den älteren, erziehenden Tieren geht es nicht um den Konflikt selbst, sondern um das, was ein noch junges Wesen dieser Art lernen muss. Je nach Art und Umwelt sind das ganz unterschiedliche Dinge. Doch das Verhalten der Eltern ist immer ähnlich: nämlich über Konflikte, auch über die bewusste Provokation von Konflikten, und nicht ausschließlich über Belohnung oder gar Futterbelohnung, Erziehungsinhalte zu vermitteln.

Der kleine Schäferhund aus unserem Beispiel wuchs heran. Er konnte alles: er brachte Körbchen, gab Pfote, er rollte rückwärts, er ging im Slalom, bei »Peng!« lag er postwendend wie tot auf dem Teppich, und mit seinem Sitz-Platz-Fuß hätte er überall den ersten Preis abgeräumt. Doch dann kam etwas dazwischen.

Er wurde erwachsen.

Die Hormone schossen und er zeigte trotz zahlreicher desensibilisierender Besuche im Wildpark plötzlich recht eindeutig jagdliches Interesse. In anderen Worten, aus ihm war nun ein ganz normaler Hund geworden. Frau X. ging auch die Herausforderungen dieser Entwicklungsphase mit Verve an. Sie trainierte mit ihrem Hund an einer vor Schreck erstarrten Schafherde. Schau mich an! Klick!

Futter! Schau mich an! Klick! Futter! Die Schafe verharrten in Todesstarre, der Schäferhund setzte eine Speckschicht an.

Aber Schafe, Kinder, Autos, Jogger – sie alle bewegen sich irgendwann. Auf gerade diesen Augenblick hatte der Hund gewartet – und biss schließlich beherzt zu. Leider nicht nur Schafe. Leider auch von ihm weglaufende Menschen.

Die Geschichte endete wie viele andere auch: der Hund wurde eingeschläfert. Nicht etwa, weil es unvermeidbar gewesen wäre. Die erzieherischen Mittel waren nicht nur nicht ausreichend, sondern ganz einfach die falschen. Zu lernen, was im sozialen Miteinander richtig, angemessen und somit akzeptabel ist, das macht nicht nur Spaß. Das tut auch mal weh. Mit wehtun ist nicht etwa eine körperliche Züchtigung gemeint, sondern der Schmerz, von seinem Sozialpartner in dieser Form nicht angenommen zu werden und eine eindeutige Ablehnung zu erfahren. Konkret heißt das, eine eindeutige Begrenzung und mehr noch, eine eindeutig körperliche Begrenzung ohne jede Diskussion wäre notwendig gewesen. Über Selbstverständlichkeiten, wie beispielsweise seinem Gegenüber nicht ins Bein zu beißen oder vorbeilaufende Jogger nicht zu stellen, wird nicht diskutiert. Erziehungsinhalte dieser Art müssen so vermittelt werden, dass sie für den Hund ein Tabu bedeuten und er keinerlei Bedarf hat, an dieser Stelle weiterzudiskutieren. Selbstverständlichkeiten werden auch nicht belohnt. Denn sie sind, wie das Wort schon verrät, selbstverständlich.

Sie würden Ihre Kinder sicherlich auch nicht jeden Morgen erneut dafür belohnen oder gar »positiv bestärken«, dass sie sich während des Frühstücks nicht ständig gegenseitig in den Arm beißen. Beißen gilt unter Menschen als nicht gesellschaftsfähig. Ergo hat es entweder zu unterbleiben oder aber der Bisswütige muss mit unter Umständen auch ernsten Konsequenzen rechnen. Verhalten hat immer Konsequenzen. Dass sich diese nicht nur auf die Gabe von Futter als Belohnung beschränken, haben manche Hundetrainer verdrängt. Es passt nicht in ihr Bild eines verständnisvollen Partners.

Aber zurück zu unserem Schäferhund. Er musste letztlich nur deswegen sterben, weil er in allen sozialen Fragen erbarmungslos im Regen stehen gelassen wurde. Wie oft muss dieser Hund gefragt haben: »Darf ich das?« Es hätte nicht mehr bedurft als der so schlichten wie eindeutigen Antwort: »Nein.«

Klickertraining ist also eine gute und Erfolg versprechende Methode, um dem Hund etwas Neues beizubringen – unter der Voraussetzung, dass das Lernziel keinen sozialen Bezug hat. Trag den Korb von A nach B, Gib Pfötchen, Mach Rolle, Toter Mann oder wie auch immer die Tricks heißen mögen, sie sind erfolgreich und zuverlässig mittels des Klickertrainings herzustellen.

Was Sie allerdings nicht über das Klickertraining erreichen können, ist soziale Kompetenz. Soziale Kompetenz ist das Ergebnis sozialer Reibung und Auseinandersetzung und keine konditionierte Reizbeantwortung.

Eine Technik aus dem Bereich der Dressur von Kunststückchen bei Delfinen ist eben nicht einfach eins zu eins auf den mit uns in einer sozialen Gemeinschaft lebenden Hund übertragbar. Was hat der lerntheoretische Formalismus mit dem ungleich bedeutsameren sozialen Lernen zu tun? Immer wieder kehren wir zu der Frage zurück, was die eigentlichen Inhalte von Erziehung sind oder sein sollten. Soll der Hund einen Ball auf der Nase balancieren – oder soll er den Postboten nicht ins Bein beißen, das Schnitzel nicht vom Tisch klauen und sich Kindern gegenüber freundlich verhalten?

ICH GÄHNE, ALSO BIN ICH EIN HUND – BESCHWICHTIGUNGSSIGNALE

Als Turid Rugaas im Jahr 2001 in Deutschland ihr Buch »Beschwichtigungssignale« veröffentlichte, löste es, wie zuvor Karen Pryors Buch über das Klickertraining, unter den Hundehaltern eine Welle der Begeisterung aus. Man lernte die vermeintliche »Sprache Hündisch« mit großer Hingabe und ungeachtet dessen, wie das so unvermittelt angesprochene Gegenüber darauf reagierte. Man beschwichtigte zu jeder Tageszeit, man leckte sich die Mundwinkel, senkte den Blick, ging grundsätzlich nicht mehr direkt auf ein Ziel zu und gähnte, trotz acht Stunden Schlaf, was das Zeug hielt. Die Hunde beobachteten leicht befremdet das neue Verhalten ihrer Menschen und nahmen es hin.

Hunde sind anpassungsfähig.

Auch heute noch wird viel über Beschwichtigung zum Besten gegeben, wenngleich der ursprüngliche Enthusiasmus ein wenig nachgelassen hat. Was ist nun dran an den Beschwichtigungssignalen? Weshalb stürzen sich die Menschen gerade auf Beschwichtigungssignale – und nicht etwa auf das Erlernen der aggressiven Kommunikation? Gehen Sie durch die Stadt und senden in alle vier Himmelsrichtungen Beschwichtigungssignale aus? Nein? Und warum nicht? Vielleicht weil Ihr Bedürfnis, einen Ihnen entgegenkommenden Menschen zu beschwichtigen, gar nicht vorhanden ist? Schließlich gibt es noch andere Botschaften, die Sie senden könnten.

Manch ein Hundehalter sah Beschwichtigungssignale sogar als das Herzstück einer neuen Erziehungsmethode an – de facto aber stellen sie lediglich einen kleinen Ausschnitt des hündischen Ausdrucksverhaltens dar.

Beschwichtigungssignale sind ein Sammelbegriff für alle Verhaltensweisen, die innerartliche Aggression hemmen und somit Kämpfe vermeiden können – nicht müssen. Beschwichtigungssignale werden beispielsweise bei Begrüßungen gezeigt und ermöglichen hier eine Unterschreitung der Individualdistanz. Sie haben häufig Anteile aus dem kindlichen oder sexuellen Verhalten, so zum Beispiel die Licking Intentions (der Versuch, die Mundwinkel des Gegenübers zu lecken oder, falls dies nicht möglich ist, die eigenen Mundwinkel). Das Lecken der Mundwinkel eines erwachsenen Tieres durch einen Welpen oder ein Jungtier diente ursprünglich dazu, das erwachsene Tier zum Hervorwürgen von Futter aufzufordern.

Im Gegensatz zur Demutsgebärde wird ein mögliches aggressives Verhalten des Gegenübers durch Beschwichtigungsgebärden nicht »abgeschaltet«, vielmehr werden Verhaltensweisen aktiviert, die mit aggressivem Verhalten nicht vereinbar sind.

Beschwichtigungssignale sind bereits zuvor unter anderem von Lorenz, Zimen, Feddersen-Petersen, Immelmann und Fox beschrieben worden, allerdings konnten diese Verhaltensforscher während ihrer langjährigen Beobachtungen lediglich das Blickvermeiden, das Blickabwenden, das Sich-klein-Machen, das Pföteln und die Licking Intentions als Befriedungsgebärden dokumentieren. Grundlage für die nicht weniger als achtundzwanzig (!) Beschwichtigungsgebärden, die Turid Rugaas als gesichert betrachtet, bildet die Beobachtung ihrer eigenen Hunde und die ihrer Kunden. Zu den beschwichtigenden Verhaltensweisen zählt Rugaas unter anderem Gähnen, Markieren bzw. Urin absetzen, Erstarren bzw. Einfrieren, die Vorderkörpertiefstellung, Bewegungen im Zeitlupentempo, Schnüffeln, Hinsetzen, Hinlegen, Blinzeln und die Pfote heben.

Geht man bei einem gezeigten Verhalten davon aus, dass es sich um beschwichtigendes Verhalten handelt, setzt dieses zwingend ein Gegenüber voraus, das es zu beschwichtigen gilt. Es muss also ein Konflikt oder zumindest ein potenzieller Konflikt vorhanden sein, dem der aktiv Beschwichtigende gerne aus dem Weg gehen würde. Das Problem mit den von Turid Rugaas aufgeführten Verhaltensweisen

ist, dass sie nicht nur selten in konfliktträchtigen Situationen gezeigt werden, sondern darüber hinaus sogar vorwiegend gerade in nicht konfliktträchtigen Situationen auftreten – nämlich dann, wenn der Hund alleine ist und gar kein Gegenüber vorhanden, mit dem er kommunizieren könnte. Dieses hat die Biologin Mira Meyer* 2006 in ihrer Diplomarbeit (betreut durch Udo Gansloßer) für die vermeintlichen Beschwichtigungssignale Gähnen, Harnabsetzen, Schnüffeln und die Vorderkörpertiefstellung nachgewiesen.

Bei den von Turid Rugaas beschriebenen Beschwichtigungssignalen handelt es sich hingegen meist um Übersprungshandlungen beziehungsweise Handlungen aus dem Komfortverhalten, wie zum Beispiel das Strecken mit Vorderkörpertiefstellung nach dem Ruhen oder das Gähnen. Übersprungshandlungen aber sind zur Beschwichtigung eines potenziell aggressiven Gegenübers nicht geeignet. Sie bringen einen Konflikt zum Ausdruck, beispielsweise den zwischen dem Wunsch zu fliehen und dem Wunsch anzugreifen. Erwäge ich jedoch anzugreifen, möchte ich nicht beschwichtigen. Erwäge ich hingegen zu fliehen, brauche ich nicht (mehr) zu beschwichtigen.

Kommen wir noch einmal auf das Gähnen zurück – die Verhaltensweise mit der zahlreiche Hundehalter, im Bewusstsein beschwichtigend zu wirken, mit ihren Hunden kommunizieren. Gähnen ist eine unwillkürliche Handlung und wird vom Hund nicht bewusst gesteuert. Seine körperliche Funktion ist es, die Atemwege zu weiten, den Herzschlag zu steigern und den Blutdruck zu erhöhen – eine Aktivierung körperlicher Abläufe also, die nach längeren Ruhephasen ausgesprochen sinnvoll ist.

---

* Meyer, Mira: Die Beschwichtigungssignale der Hunde. Untersuchung ausgewählter Signale in einer freilebenden Hundegruppe. Diplomarbeit Biologie, TU München, 2006

Hinzu kommt: Beim Gähnen zeigt man die Zähne. Möchte ich aber mein Gegenüber beruhigen, verstecke ich meine »Waffen« – ganz im Gegensatz zum Drohverhalten, wo ich sie explizit zur Schau stelle, um meinen Gegner zu beeindrucken und um ihn, so gut ich nur kann, zu be*un*ruhigen!

Nun kann man einwenden, es sei doch wirklich halb so wild, wenn zahlreiche Hundehalter plötzlich auffallend häufig gähnen. Stimmt. Gähnen ist schließlich ganz harmlos. Schwierig wird es erst, wenn der »beschwichtigende« Mensch der felsenfesten Überzeugung ist, sein Kommunikationspartner Hund würde ihn verstehen. Und wenn er in der Folge glaubt, ein Hund würde ihn aufgrund seiner gekonnt gezeigten beschwichtigenden Signale nicht angreifen – oder gar nicht angreifen *können*, weil er ihn mit seinen gezeigten Verhaltensweisen sozusagen außer Gefecht gesetzt hat. Dass diese Vorstellung ganz und gar falsch ist, dafür gibt es unschöne Beispiele. Der Mensch auf dem Boden, über ihm der alles andere als versöhnlich gestimmte Hund. Da kann einem das Gähnen glatt vergehen.

Nehmen Hunde, diese so hochsensiblen Wesen, es uns wirklich ab, wenn wir plötzlich vorgeben, nicht mehr ein Mensch mit all den dazugehörigen Signalen, sondern plötzlich ein Hund zu sein? Glauben Sie das wirklich?

Eine Reihe von Gründen spricht dagegen:

- Wir riechen ganz anders als Hunde – der Hund aber ist ein Nasentier.
- Wir bewegen uns anders als Hunde – der Hund jedoch kennt jedes auch nur ansatzweise gezeigte Detail unserer körperlichen Signale. Körperliche Signale stellen schließlich seine eigentliche Sprache dar.
- Wir denken anders als Hunde – und der Hund stutzt.

Unsere Imitation hündischen Verhaltens läuft ergo auf drittklassigem Niveau ab – und der Hund merkt es. Es kommt allerdings vor, dass der Hund aufgrund des plötzlichen veränderten Verhaltens verunsichert ist. Was ist los mit meinem Menschen? Geht es ihm nicht gut? Ist er verrückt geworden?

Nur »verstehen«, verstehen tut der Hund gar nichts.

Eine Kundin von mir berichtete von ihren seinerzeit unternommenen Kommunikationsbemühungen mit ihrer sehr aufgeweckten jungen Zwergpudelhündin. Die Halterin hatte alles über Beschwichtigungssignale gelesen und war ob dieser neuen Kommunikationsmöglichkeit (endlich rede ich mit meinem Hund!) hellauf begeistert. Sie gähnte ihre kleine Hündin unablässig an – was aber tat ihr Gegenüber? Die Hündin schien einigermaßen entsetzt, so die Halterin. Sie forderte ihre Halterin kurz auf, mit ihr zu spielen, dann rannte sie aus dem Zimmer, in dem Bestreben, diese merkwürdige »Kommunikation« zu beenden. Die Halterin gähnte noch eine Weile lang – denn das war sie sich schuldig – dann hörte sie enttäuscht auf. Nun verhielt sich die Hündin im Freilauf sehr unsicher bei Begegnungen mit ihr nicht bekannten Hunden. Die Halterin schritt erneut zur Tat und versuchte, ihren eigenen Hund mit Gähnen zu »beschwichtigen« und gleichzeitig den entgegenkommenden Hund zu »irritieren«, indem sie des Pudels Aufmerksamkeit auf sich lenkte – und der entgegenkommende Hund nunmehr nicht das Gesicht, sondern das Hinterteil des Pudels zu sehen bekam. Das war in der Tat für den Augenblick der Annäherung einigermaßen wirksam – allerdings nur so lange, bis der Pudel sich umdrehte und unmittelbar mit seinem Kollegen – immerhin einem waschechten Hund – kommunizierte oder vielmehr zu kommunizieren gezwungen war. Jetzt gähnte keiner mehr. Jetzt ging es plötzlich zur Sache.

Hündische kommunikative Signale in ihrer Gesamtheit stellen, ganz wie beim Menschen auch, eine reiche, facettenreiche Sprache dar. Nimmt man ein Signal heraus und praktiziert es undifferenziert, ergo grob, würde es selbst innerhalb einer Art nicht verstanden.

Hund und Mensch leben seit sehr langer Zeit eng zusammen. In der Folge hat der Hund gelernt, sich verblüffend eng dem Menschen anzupassen. Menschliche Verhaltensweisen kennt er in- und auswendig. Wenn dieser Mensch nun plötzlich beginnt, auf vollkommen dilettantische Art und Weise sogenannte »Sprachkenntnisse« zu erwerben, ist der Hund zumindest verwirrt. Diese ihm entgegengeworfenen Versatzstücke einer angeblichen »Hundesprache« jedenfalls kann er nicht verstehen und beantwortet sie bestenfalls mit Missachtung.

Der Hund ist so eng an den Menschen angeschlossen, dass er diesen tatsächlich häufig »versteht«. Andererseits ist er ein Hund und versteht folglich auch seine Artgenossen. Der Hund wächst also von Anbeginn sozusagen zweisprachig auf. Gerade diese doppelte Identität, nämlich die Nähe zum Menschen einerseits und die zu seinesgleichen andererseits, IST seine Identität.

Fazit für den Menschen: Sei der, der du bist. Und zeige deinem Hund, wer du bist. Damit kommen Hunde klar. Diesen Menschen, und nur diesen, können sie verstehen – und deshalb lieben.

IGNORIEREN – STATT HANDELN

Im vergangenen Jahrzehnt hat sich ein Wort unauslöschbar in den Köpfen der Hundetrainer und folglich auch der Hundehalter eingebrannt. In der gängigen Hundeliteratur kann man sich ein Leben ohne nicht mehr vorstellen. Das Zauberwort lautet: Ignorieren.

Die Frage manchen Hundehalters, was er denn tun solle, wenn sein Hund sich aggressiv verhalte, wird von vielen Hundetrainern standardmäßig beantwortet mit: »Sie müssen ihn dann unbedingt ignorieren!«

Ignorieren – oder besser: eigene Dinge tun und den Hund links liegen lassen – kann zweifelsohne eine sinnvolle Maßnahme sein. Selbst im Bereich problematischer oder auffällig gewordener Hunde gibt es Verhaltensweisen von Hunden, bei denen das schlichte Nichtbeachten durchaus sinnvoll sein oder zumindest weitere Nachteile vermeiden kann. Nur den geradezu mystischen Touch, den es heute hat, den hat das Ignorieren nicht verdient. Wenn es darüber hinaus auf fast jede Konfliktsituation zwischen Mensch und Hund als eine Art Standardlösung angewandt wird, heißt es hellhörig sein.

Auch hier stellt sich wieder die Frage, was der Hund lernen soll beziehungsweise was auf dem Spiel steht, wenn ich als Halter ihn auf ein bestimmtes Verhalten hin nicht beachte. Bin ich gerade dabei, meinem Hund das Kommando »Sitz« beizubringen, habe ich in der Tat die Möglichkeit, ein Nichtbefolgen zu übersehen und somit nicht zu werten. Setzt der Hund sich nicht, bekommt er in der Konsequenz auch keine Belohnung und wird nicht mehr beachtet. Dass es auch anders geht, lassen wir einmal außen vor.

Doch um was geht es hier? Um ein simples Kommando, dessen Nichtbefolgung (zunächst jedenfalls) keine ernsten Konsequenzen haben wird. Wer es gerne so handhaben möchte, der soll es auch so tun. Schließlich geht es um (fast) nichts. Unspektakulär.

Was aber, wenn es sich um problematisches Verhalten seitens des Hundes handelt? Um Verhalten also, das den sozialen Frieden stört?

Was, wenn der Hund einen Jogger hetzt, ihn stellt und schließlich noch verbellt? Was, wenn sich ein Kind dem Hund nähert und dieser das Kind aggressiv bedroht? Wenn der Hund einen Hasen jagt? Oder Nachbars Katze? Wenn er andere Hunde jagt – und erfahrungsgemäß gelegentlich auch zubeißt? Wenn er vor unseren Augen das Schnitzel vom Tisch stiehlt? Was, wenn der Hund an fremden Menschen hochspringt? Oder einfach nur an der Leine zieht?

Die beschriebenen Situationen sind für viele Hundehalter ganz alltägliche Vorkommnisse. Nicht wenige Hundetrainer raten nun zum Ignorieren, als ob allein diese Maßnahme das Verhalten unserer Hunde von Grund auf umkrempeln könne. Geradezu fantastisch einfach! Kinderleicht und mühelos hinzubekommen. Man muss sich nicht verändern, man muss nichts dazulernen, man muss einfach nur nichts tun!

Hier wird die eigene Hilflosigkeit zur Tugend erhoben. Das kommt vielen Menschen entgegen. Sie können oder wollen nichts tun, weil sie entweder nicht wissen was – oder aber eine diffuse Angst davor haben, es sich mit ihrem Partner Hund zu verderben. Im Nichtstun aber, das haben sie bereits andernorts bewiesen, darin sind sie gut. Die eigene Handlungsunfähigkeit und Hilflosigkeit wird nunmehr ins Gegenteil verkehrt und als erzieherische Leistung deklariert.

Gleichzeitig werden die eigentlichen erzieherischen Leistungen, nämlich wohlwollend anzuleiten, sprich auch Grenzen zu setzen und in der Folge Freiheiten zu gewähren, außer Gefecht gesetzt.

Nehmen wir das Beispiel mit dem Jogger. Ihr Hund jagt einen Jogger – und Sie sehen einfach nicht hin. Sie beachten Ihren Hund nicht und ignorieren sein Verhalten.

Nicht nur kommen wir durch Ihr rücksichtsloses Verhalten einem generellen Leinenzwang für alle Hunde wieder ein kleines

Stückchen näher, Ihr Hund hat auch gleich noch etwas dazugelernt: Ich jage, wann und wen mir beliebt und keiner schaut hin!

Ignorieren ist hier nicht nur sinnlos, sondern kontraproduktiv. Sinnlos schon deshalb, weil ein Nichtbeachten nur dann überhaupt sinnvoll sein kann, wenn es dem auf diese Weise Missachteten auch etwas ausmacht. Nimmt derjenige aber gar nicht wahr, dass Sie ihn gerade angestrengt missachten, können Sie sich die Mühe sparen. Kontraproduktiv, weil sich das unreglementierte Verhalten des Hundes mit jeder Wiederholung weiter festigt und folglich zu einem immer größeren Problem wird.

Joggern nachzulaufen ist ein Verhalten aus dem Jagdverhalten. Beim Jagen werden Hormone ausgeschüttet, die Ihren Hund quasi »high« machen und ihn nicht länger wahrnehmen lassen, was in seiner Umgebung sonst noch geschieht. Wie von Sinnen, Tunnelblick, wie im Rausch – das sind recht treffende Beschreibungen seitens der Hundehalter über das, was mit ihren Hunden während des Jagens geschieht. Dieses »High« macht Spaß. Es macht so viel Spaß, dass der Hund es so schnell es irgend geht wiederholen möchte. Er will es haben, wieder haben und dann erst recht wieder haben. Jagen macht süchtig und gehört zu den selbstbelohnenden Verhaltensweisen des Hundes. Die Handlung selbst (beispielsweise das Hetzen) muss also gar nicht belohnt werden (beispielsweise durch erfolgreichen Beutefang), vielmehr *ist* sie bereits die Belohnung. So weit zur Jagd.

Kaum hat Ihr Hund den Jogger gestellt, umkreist und verbellt er ihn. Dieses Verhalten ist in der Regel dem aggressiven Verhaltensbereich zuzuordnen. Man kann davon ausgehen, dass auch im Bereich aggressiven Verhaltens Hormone ausgeschüttet werden und entsprechende Wirkungen eintreten. Möglicherweise kann man auch hier von einer selbstbelohnenden Wirkung ausgehen, ähnlich verstärkend wie im jagdlichen Bereich. Was auf jeden Fall verstärkend, in diesem Fall also belohnend wirkt, ist der Erfolg, den der Hund aufgrund seines Verhaltens für sich verbuchen kann. Er hat es geschafft, den

Jogger zu manipulieren und ihn zu stellen. Er hat es geschafft, den Jogger in eine Handlung zu zwingen, die er, also der Hund, initiiert hat. Was für ein Erfolg! Weshalb sollte er diesen nicht so schnell wie möglich wiederholen? Menschliche Ordnungs- und Moralansätze (den Gehweg nicht verunreinigen und kein Sex in der Öffentlichkeit) sind dem Hund bekanntlich fremd, und so ist er frei, das zu tun, was Hunde nun mal tun: zu jagen.

Zurück zum Jogger. Sicher hatte er Angst oder aber er war wütend, als der Hund ihn stellte und ihn am Weiterlaufen hinderte. Es ist auch sein gutes Recht, Angst zu haben oder wütend zu sein. Er muss Ihren Hund nicht verstehen, er muss ihn auch nicht erziehen. Das müssen *Sie* tun. Wie der einzelne Jogger in der hier beschriebenen Situation reagiert, ist sehr unterschiedlich. Ängstliches Ausweichen oder Zurückschrecken, möglicherweise ein beschleunigtes Weglaufen, oder auch aus der Wut heraus Brüllen, Schlagen oder Treten nach dem Hund. Alles nicht schön. Aber leider alles Erfolge für den Hund, aus seiner Sicht zumindest.

Viele Hundehalter regen sich in der beschriebenen Situation fürchterlich auf und schimpfen am Ende vielleicht noch auf den Jogger. Wäre er doch einfach stehen geblieben und hätte so lange gewartet, bis der Hund von seinem Vorhaben abgelassen hätte! Hätte er den Hund doch einfach ignoriert! Und sie haben recht, die Hundehalter: In der Tat wäre dies eine der Situationen gewesen, in der ein Nichtbeachten eine förderliche Wirkung auf die Situation gehabt hätte. Theoretisch wäre dies geradezu ein Paradebeispiel dafür, wie ohne entsprechende Gegenreaktion häufig ein unerwünschtes Verhalten nicht länger gezeigt wird, wie es einfach »verpufft«. Der Jogger hätte entweder stehen bleiben, den Hund nicht anschauen und sich den Blumen zu seinen Füßen widmen können. Oder aber er hätte, ohne den Hund zu beachten, ganz cool weiterlaufen können. Mit etwas Pech hätte der Hund ihn in die Wade gezwickt, um endlich eine

Reaktion aus ihm herauszukitzeln. Spätestens dann fällt es nicht mehr ganz leicht, einfach nur cool seinen sonntäglichen Sprint fortzusetzen. Die Theorie ist das eine. Theoretisch mag die Lösung funktionieren. Unter Laborbedingungen. In der Praxis aber sieht das Leben anders aus.

In der Praxis ist es ein Unding, einen Menschen so in Angst und Schrecken zu versetzen und dann noch zu erwarten, dass dieser Mensch sich in seiner Angst »richtig« verhält. Angst ist so eine Sache, da sollte man ganz bescheiden sein.

Stellen Sie sich vor, Sie gehen mit Ihrem kleinen Kind an der Hand spazieren. Von Hunden haben Sie keine Ahnung, Ihr Hundebild jedoch ist, zumindest was einige Rassen betrifft, durch die Berichterstattung gewisser Medien leicht angeknackst. Nun kommt Ihnen ein Rottweiler entgegen. Er sieht, zumindest sagt Ihnen das Ihr Gefühl, irgendwie gefährlich aus. Groß. Dunkel. Kräftig. Der Rottweiler, nebenbei bemerkt ein wunderbarer Hund, ist hier wie auch andere Rassen exemplarisch aufgeführt, weil er in den Medien und folglich bei zahlreichen Menschen ganz bestimmte Assoziationen auslöst. Es versteht sich von selbst, dass diese nicht unbedingt deckungsgleich mit der Wahrheit sein müssen. Der Rottweiler also nähert sich, er hat Sie und Ihr Kind fest im Blick. Für Sie stehen seine Absichten fest: Der Hund will Sie und Ihr Kind beißen – ob sich Ihre Vorstellungen mit den tatsächlichen Absichten des Hundes decken, sei dahingestellt. Und jetzt sollen Sie Blümchen pflücken und so tun, als ob nichts wäre? Ihr Kind sollte das dann aber auch können! Und dann der Schreckensaugenblick, in dem Ihnen klar wird, dass der Halter im Rahmen einer hochwertigen Pädagogik unterwegs ist und das Verhalten seines Hundes keines Blickes würdigt. Jetzt sind Sie plötzlich ganz allein – Sie und der Rottweiler.

Es kann und darf nicht sein, dass auf Seiten der Hundehalter derart wenig Einfühlungsvermögen den Befindlichkeiten anderer Menschen gegenüber spürbar ist und stattdessen erbarmungslos »gewaltfreie Erziehungskonzepte« zum scheinbaren Wohle des Hundes praktiziert werden. Diese Einstellung, die Freiheit des Hundes zu eigenmächtigem Handeln höher zu bewerten als die unmittelbare Angst eines Menschen, ist krank – so krass muss es einmal gesagt werden.

Gehen wir noch einen Schritt weiter. Gehen wir zu Ihnen nach Hause. Dort liegt Ihr Hund auf seiner Decke, »seinem« Sofa oder in seinem Körbchen. Ihr kleines Kind, noch etwas unsicher auf den Beinen, nähert sich dem Hund. Der Hund knurrt drohend. Erschwerend kommt hinzu, dass der Hund in der Vergangenheit bereits einmal nach dem Kind geschnappt hat. Damals war »nichts« passiert, aber Sie haben das Schnappen Ihres Hundes nicht vergessen. Sie waren daraufhin in der Hundeschule, wo man Ihnen folgenden Rat gegeben hat: Sollte der Hund Ihr Kind nochmals anknurren, ignorieren Sie dieses Verhalten bitte konsequent! Wieder soll nach dem Grundsatz gehandelt werden: Richtiges Verhalten wird belohnt, falsches Verhalten dagegen wird ignoriert, also nicht bewertet. Mehr nicht. So soll Ihr Hund lernen, Ihr Kind nicht anzuknurren? Meinen Sie allen Ernstes, daraus wird etwas?

Sehen wir uns bei Ihnen zu Hause noch etwas weiter um. Ihre häusliche Situation ähnelt denen unzähliger anderer Haushalte. Sie sind beschäftigt, verrichten irgendwelche Arbeiten, sind zwar anwesend, haben Ihr Kind aber nicht zu jeder Sekunde im Auge. Diese Sekunden Ihrer Abwesenheit – und wenn sie auch nur gedanklich ist – sind es, in denen unschöne Dinge passieren. Wenn nun der Hund Ihr Kind anknurrt und Sie sein Verhalten ignorieren, kratzt das den Hund kein bisschen. Er merkt es noch nicht einmal, denn er ist mit Ihrem Kind beschäftigt. Das Kind weicht vielleicht erschrocken zurück, oder es weint aus Angst oder Enttäuschung, oder es fällt rückwärts auf den Po. Wie auch immer das Kind reagiert, es ist eine unmittelbare Reaktion auf das unakzeptable Verhalten des Hundes. *Das* ist, was zählt – während Sie in einiger Entfernung stehen und den Hund gewaltfrei ignorieren. Sie waren ohnehin nicht Teil der Diskussionsrunde. Als Nichtbeteiligte können Sie ignorieren, solange Sie wollen, Ihrem Hund ist das in dieser Situation gleichgültig. Er hat sich gerade mit Ihrem Kind unterhalten – und Ihr Kind hat reagiert und somit geantwortet. Nun könnte man sagen, dann hätte eben auch Ihr Kind das Verhalten des Hundes ignorieren müssen. Genau wie der Jogger zuvor ...

Doch weder von einem Kind noch von dem Jogger dürfen Sie erwarten, dass sie nach Ihrem Erziehungskonzept handeln und darüber hinaus auch noch die Erziehungsaufgaben an Ihrer Stelle für Sie erledigen.

Wir sind wieder bei Ihnen zu Hause. Ihr Hund ist draußen im Garten. Ihr kleines Kind tapert auf Entdeckungsreise durch die Zimmer. Es sieht ein Feuerzeug auf dem Tisch liegen und hebt es auf. Ihr Kind ist motorisch recht geschickt und es gelingt ihm, das Feuerzeug zu entzünden. Mit brennender Flamme läuft es weiter durch die Zimmer, in Richtung Gardinen. Jetzt sehen Sie Ihr Kind. Und nun? Wollen Sie es ignorieren? Wird schon irgendwie gut gehen?

Alternativ können Sie drei Meter vor der Gardine ein Gespräch mit dem Kind beginnen. Sie haben schließlich noch ganze drei Meter Zeit. Dabei sollten Sie unbedingt an die Vernunft des Dreijährigen appellieren. Erklären Sie ihm, dass Papa traurig ist, wenn das Haus abbrennt und er in der Folge noch mehr arbeiten müsste. Dass Versicherungen heutzutage nur schleppend zahlen und der Papierkram unendlich aufwendig ist. Sprechen Sie aber auch über Ihre eigenen Gefühle. Wie traurig Sie wären, wenn das Kind in den Flammen verbrennen würde.

Und was nun? Wird das Kind verständnisvoll nicken und Ihnen dankbar sein?

Manch einer wird jetzt darauf hinweisen, dass man Feuerzeuge nicht einfach herumliegen lässt und dass sich bei dem knurrenden Hund möglicherweise andere Dinge bereits in Schieflage befinden. Das erste ist richtig, das zweite gut möglich. Solche Überlegungen im Nachhinein anzustellen ist ein Leichtes und man hat zudem das angenehme Gefühl, im Recht zu sein. Das wirkliche Leben aber spielt sich hier und jetzt ab, da gibt es kein Im-Nachhinein. Im wirklichen Leben liegt selbst im Nichtraucherhaushalt früher oder später ein Feuerzeug herum. Und irgendwann probiert der Hund vielleicht seine Möglichkeiten gegenüber dem Kind aus. Das kann passieren. Kinder und Hunde machen Fehler, von Erwachsenen ganz zu schweigen.

Ignorieren ist also kein Alleskönner, sondern häufig eine Entschuldigung dafür, nicht handeln zu können oder nicht handeln zu wollen. Handeln heißt hier, dem entstandenen Konflikt nicht auszuweichen, sondern ihn anzunehmen. Nicht wegzusehen, sondern Stellung zu beziehen. Wie in anderen Bereichen der Erziehung auch, muss man sich die Konsequenzen seines Nicht-Handelns bewusst machen. Was lernt der Hund wirklich, wenn ich ihn ignoriere? Wie wir gesehen haben, kann das Nichtbeachten eines Verhaltens durchaus sinnvoll sein. Voraussetzung dafür aber wäre, dass der Hund Ihr Verhalten überhaupt wahrnimmt und dass es ihn darüber hinaus auch emotional tangiert. Wenn er aber durch Endorphine beflügelt einem Hasen nachjagt, gerade erfolgreich das Schnitzel vom Tisch geklaut hat, oder sich ohnehin nicht allzu viel aus Ihrer Meinung macht, wird er sich Ihrem Ignorieren mit erzieherischem Anspruch gegenüber – sorry für den Kalauer – einfach nur ignorant verhalten.

JETZT KOMMEN DIE PROFIS – VERHALTENSTHERAPIE

Meine erste Begegnung mit einer richtigen Verhaltenstherapeutin ist schon ein Weilchen her, dennoch könnte sie genau so auch heute stattfinden. Frau X. war besuchsweise in Hamburg und wir verabredeten uns lose, ohne festen Tag und ohne feste Uhrzeit. Als sie bei uns auf dem Hof erschien, war ich kurz vor einer Trainingsstunde mit einer Frau und ihrem Hovawart. Da mich Frau X. Einschätzung des Falls interessierte, bat ich sie, uns während der Stunde zu begleiten.

Bei dem Hund handelte es sich um einen dreijährigen, unkastrierten Hovawartrüden, der seiner Besitzerin häufig aus dem Spiel heraus in den Nacken sprang und sie dort zu packen versuchte. Ernsthafte Bissverletzungen hatte es noch nicht gegeben, aber die Hundehalterin befürchtete, dass es schon bald darauf hinauslaufen könnte. Diesen Befürchtungen konnte ich nur zustimmen. Da es sich um ein erstes Gespräch mit der Hundehalterin handelte, erfragte ich ihre Lebensumstände und den individuellen Werdegang des Hundes, um mir so ein möglichst genaues Bild von Mensch und Hund machen zu können. Anschließend fragte ich aus ernstgemeintem Interesse die Verhaltenstherapeutin, wie sie einen solchen Fall angehen würde. Sie kam ohne Umwege und ohne den leisesten Anflug eines Selbstzweifels sofort zur Sache und erklärte meiner verblüfften Kundin, dass sie hundert Prozent erfolgsorientiert arbeite. Dann zog sie einen Tennisball aus der Tasche. Diesen rollte sie über den Boden, warf ihn in die Luft und rannte laut quietschend und mit orientalisch anmutenden Bewegungen vor dem Hund und seiner Halterin auf und ab. Der Hovawart, der offenbar noch gar nicht recht begriffen hatte, dass er gerade therapiert wurde, würdigte den Ball keines Blickes, sondern packte sich blitzschnell die Kapuze von Frau X. und versuchte, sie laut knurrend auf den Boden zu zerren. Bevor Schlimmeres geschehen konnte, gelang es der Halterin und mir, den Hund von seinem Vorhaben abzubringen und die Therapeutin zu befreien.

Frau X. zupfte sich die Kleidung zurecht, verstaute den Ball in ihrer Tasche und erläuterte uns ihr Fazit. Sie habe mit »solchen Hunden« keine Erfahrung und würde diese an einen befreundeten Hundetrainer, der sich mit »Fällen dieser Art« auskenne, weiterleiten.

Fachlich hat mich ihre fundierte Einschätzung des Falls leider kein Stück weitergebracht, aber immerhin habe ich in nur einer Stunde gelernt, wie man eine Statistik auf hundert Prozent bringt!

Was denken Hundehalter, wenn der Begriff »Therapie« fällt? Wenn jemand sagt, ihr Hund muss therapiert werden oder ihr Kind muss therapiert werden – denkt man dann nicht zwangsläufig, der Hund oder das Kind sei irgendwie krank oder zumindest nicht normal? Die meisten Menschen in unserem Land verknüpfen mit dem Begriff »Verhaltenstherapie« ein pathologisches Verhalten. Anders ausgedrückt: Man geht bei dem gezeigten Verhalten des zu Therapierenden von einer Verhaltensstörung aus.

Was aber ist eine Verhaltensstörung? Dazu muss man zunächst die Frage beantworten, was denn normales Verhalten ist. Man legt die Messlatte für normales Verhalten an das Verhalten der jeweiligen Spezies in freier Wildbahn an. Beim Hund stößt man hier schnell an Grenzen, denn durch seine Domestikation hat der Hund ein eigenes Verhaltensrepertoire erlangt. Daher werden zusätzlich aus sogenannten Ethogrammen, also der wertfreien Beobachtung aller Verhaltensweisen und deren Katalogisierung, Rückschlüsse gezogen. Man kann zum Beispiel sagen, dass Jagdverhalten als solches ein ganz normales Verhalten ist. Auch aggressive Kommunikation ist, sofern sie der Situation angemessen ist, ein normales Verhalten und beinhaltet so gar nichts Monströses oder Böses.

Weicht nun ein individuelles Verhalten erheblich und anhaltend vom Normalverhalten ab, spricht man von einer Verhaltensstörung. Verhaltensgestört verhält sich auch ein Hund, der sich selbst oder andere Tiere seines Sozialverbandes dauerhaft schädigt.

Einen Hasen zu jagen ist also normales Verhalten – einem fahrenden Auto in die Reifen beißen zu wollen ist zwar ebenfalls jagdlich motiviert, gehört jedoch in den Bereich einer Verhaltensstörung. Letzteres dient nicht der natürlichen Nahrungssicherung und ist in der Konsequenz dem eigenen Fortbestand abträglich, meist sogar sehr abträglich.

Weitere typische Verhaltensstörungen sind Angststörungen wie beispielsweise Phobien, echte Trennungsangst (im Unterschied zur Trennungsfrustration, also der Wut darüber, einer Trennung ausgesetzt worden zu sein), Stereotypien (Kreislaufen, Dauerbellen), unangemessenes Jagdverhalten (das Jagen von Autos), Selbstverstümmelung, Hyperaktivität und Hypersexualität.

Störungen des Normalverhaltens in Richtung einer Verhaltensstörung manifestieren sich bei den einzelnen Rassen meist in den Bereichen, die auch züchterisch in den Vordergrund gestellt werden. So sind das beim Border Collie das Hetzen und Fixieren, beim Terrier die Jagd- und Beuteaggression und beim Labrador das Fressen unessbarer Dinge, die in ihrer übersteigerten und somit unangemessenen Form eine Verhaltensstörung sein können.

Normalverhalten • störendes (unerwünschtes) Verhalten • Verhaltensstörung – zwischen diesen Begriffen sollte man, zumal als Hundetrainer, sehr fein differenzieren können, da die »Therapien« oder auch ganz einfach die Herangehensweisen an das Problem ebenso unterschiedlich ausfallen müssen.

Wenn ich mich als Verhaltenstherapeut für Hunde ausschließlich auf diejenigen Tiere konzentriere, die eine echte Verhaltensstörung vorweisen, dann passt der Begriff der Verhaltenstherapie. Wenn ich aber den Begriff Verhaltenstherapie auf sämtliche erzieherische Arbeit mit Hunden ausdehne, argumentiere ich an den erforderlichen Tatsachen vorbei. Reiner Ungehorsam, an der Leine ziehen, Jagdverhalten, Aggressionsverhalten und selbst gelegentliche Unsauberkeit sind normale Verhaltensweisen und eben nicht Störungen des Normalverhaltens. Verhaltensstörungen treten nur sehr selten auf, Untersuchungen zufolge schätzt man ihre Zahl auf etwa drei bis fünf Prozent aller Hunde. Im Vergleich zu denen, die sich Verhaltenstherapeut nennen und von dieser Tätigkeit leben wollen, ist das wenig. In anderen Worten, es gibt sehr viel mehr Verhaltenstherapeuten für Hunde, als es Hunde für Verhaltenstherapeuten gibt.

Verhaltenstherapeuten definieren den Begriff »Therapie« jedoch meist ganz anders. Es wird demnach nicht krankhaftes Verhalten behandelt, sondern bestehendes Verhalten »modifiziert«. Hübsch ausgedrückt. Unerwünschtes Verhalten wird also »verändert«. Diese Definition ist aber noch nicht bis in die Köpfe der hilfesuchenden Hundehalter vorgedrungen. Die Halter verknüpfen den Begriff der Therapie mit pathologischem Verhalten. Und genau aus diesem Grund mühen sich viele Verhaltenstherapeuten, den Hundehaltern zu erklären, bei dem jeweiligen problematischen Verhalten ihres Hundes handle es sich nicht um normales Verhalten. Das kommt bei vielen Haltern gut an – und was bei Kunden gut ankommt, belebt das Geschäft. Denn wenn mein Hund kein normales, sondern ein krankhaftes Verhalten zeigt, bin ich selbst aus der Nummer raus. Es liegt am Hund, denn er ist es, der falsch tickt. Statt zu handeln, ist nun Mitleid angesagt, schließlich ist der arme Hund richtig krank.

Ob Schuldzuweisungen oder Mitleid aber die richtige emotionale Grundlage für eine förderliche Arbeit sind, möchte ich bezweifeln. Kommen wir zum Beispiel des Hovawarts zurück. Es war keine krankhafte Ursache für sein immer wieder versuchtes In-den-Nacken-Springen auszumachen, auch seine Schilddrüse war gesund, und ein armer Hund war er schon gar nicht. Er war schlicht und einfach unerzogen und hatte nicht gelernt, was man darf und was man nicht darf.

Verhaltenstherapeuten, die für ihre Berufsbezeichnung auch einen Nachweis haben erbringen müssen, sind Tierärzte, die über das veterinärmedizinische Studium hinaus eine Zusatzausbildung absolviert haben. Tierärzte wissen eine Menge, nämlich über Tiermedizin. Wie sich Tiere aber verhalten, das wird in der langjährigen Ausbildung lediglich gestreift und ist nur bedingt prüfungsrelevant. Die nach Abschluss des Studiums mögliche Ausbildung zum Verhaltenstherapeuten basiert auf lerntheoretischen Grundlagen. Aller Wissenschaftlichkeit zum Trotz lässt man hier jedoch meist exakt die Hälfte der sogenannten Lerntheorie unter den Tisch fallen. Verhaltenstherapeuten behaupten gerne von sich, ausschließlich mit »positiver Verstärkung« zu arbeiten. Strafen, so argumentieren sie, müssten in der heutigen, aufgeklärten Zeit nun wirklich nicht sein. Kommen wir also zum Thema Strafe – und zu den Missverständnissen, die dabei vielerorts vorherrschen.

Wie wir zuvor bereits gesehen haben, gibt es der Lerntheorie zufolge vier grundsätzliche Möglichkeiten, aus Erfahrung zu lernen. Wenn man hier von »positiv« spricht, heißt das nichts weiter, als dass rein rechnerisch gesehen etwas hinzugefügt wird. Folglich bedeutet »negativ« lediglich, dass etwas weggenommen wird. Die beiden Wörtchen sagen in diesem Zusammenhang nichts, aber auch gar nichts darüber aus, ob etwas »gut« oder »böse« ist.

Nun wird es interessant. Damit ein Verhalten öfter gezeigt wird, kann ich sowohl positiv verstärken, also etwas Angenehmes hinzufügen. Ich kann aber auch etwas Unangenehmes wegnehmen, also *negativ verstärken*. Beides stellt lerntheoretisch eine Form der *Belohnung* dar, in beiden Fällen wird das Verhalten in Zukunft häufiger gezeigt werden.

Beispiele für positive Verstärkung sind Belohnungen aller Art, durch Futter, durch Zuneigung, durch Spiel. Kommt Ihr Hund auf Zuruf blitzschnell zu Ihnen und Sie geben ihm ein Würstchen, so ist das eine *positive Verstärkung* und Ihr Hund wird das Verhalten in

Zukunft häufiger zeigen. Voraussetzung hierfür ist allerdings, dass Ihr Hund die Belohnung auch als Belohnung empfindet. Gut gemeinte, aber als vom Hund als unangenehm empfundene »Belohnungen« sind keine Belohnungen! Manche Hunde aus dem Süden beispielsweise, mögen es nicht, wenn man sie anfasst oder über den Kopf tätschelt. Ein solcher Hund mag die Hand schon nicht, und erst recht nicht am Kopf. Folglich empfindet er das, was vom Menschen als Belohnung gedacht ist, als unangenehm – also als eine Art der Bestrafung (Unangenehmes wird zugefügt).

Der klassische Zwangsapport in der Jagdhundausbildung ist ein Beispiel für eine *negative Verstärkung*. Ein anderes wäre: Sie ertappen Ihren Hund dabei, wie er einen Hähnchenschenkel vom Tisch klaut. Sie schimpfen. Der Hund trollt sich zwar mit eingezogener Rute, lässt das Hähnchen jedoch nicht fallen. Sie machen noch mehr Druck und schimpfen weiter. Schließlich lässt er das gute Stück entmutigt fallen – nun hören Sie augenblicklich mit dem Schimpfen auf. Das unangenehme Schimpfen wird also weggenommen und der Hund wird das erwünschte Verhalten, nämlich das Hühnchen links liegen zu lassen, in Zukunft eher zeigen.

Bei der Bestrafung gibt es analog zur Belohnung eine *positive Strafe* und eine *negative Strafe*. Beide Formen der Bestrafung haben zur Folge, dass das Verhalten zukünftig seltener gezeigt wird. Bei der *positiven Bestrafung* wird etwas Unangenehmes zugefügt (Aussperren aus dem Zimmer, ein Wegschieben oder Wegstupsen oder eine ähnliche körperliche Begrenzung); bei der *negativen Bestrafung* wird etwas Angenehmes entzogen.

Beispielsweise wird eine angenehme Stimmung entzogen. Sie haben Besuch und Ihre Kinder toben im Wohnzimmer. Die Besucher belustigt es, dass die Kinder auf dem Sofa ihre Trampolinspringkünste perfektionieren. Die Aufmerksamkeit der Besucher heizt die Kinder weiter an, sie zeigen trotz mehrfacher Ermahnung der Eltern immer irrwitzigere Kunststückchen. In dieser Situation nehmen Sie den Kindern die gute Stimmung (Hey, wir sind Mittelpunkt! Wir sind toll! Wir sind mit dabei!), indem Sie sie auf ihre Zimmer schicken. Voraussetzung dafür, dass Ihre Sanktionierung als negative Bestrafung die gewünschte Wirkung zeigt (nämlich dass Ihre Kinder zukünftig dieses Verhalten seltener oder auch gar nicht mehr zeigen) wäre allerdings, dass sie auf ihren Zimmern nicht eine »bessere Stimmung« (Gameboy®, Fernseher, Internet, Gummibärchen) vorfinden.

So weit zu Theorie und Praxis. Doch an was denken die meisten von uns, wenn sie das Wort »Strafe« hören? Sie denken an Gewalt, an Brutalität, an Wut. An eine unfaire Maßregelung, die jemandem ungerechterweise oder, noch schlimmer, aus einer Laune heraus, also willkürlich, angetan wird. Strafe im oben bezeichneten Sinne aber hat mit Wut, überhaupt mit einer aus der Bahn geratenen Emotionalität, nichts zu tun. Ich wiederhole in aller Deutlichkeit: *nichts.* Wer sich aus welchen Gründen auch immer nicht im Griff hat, sollte sich eine kurze Auszeit nehmen, aber ganz sicher sollte er in diesem Augenblick nicht strafen. Strafend einzugreifen heißt lediglich, ein Verhalten zu reglementieren oder auch zu unterbinden. Ohne Wut. Wut, Brutalität, Gewalt – diese Dinge haben in der Erziehung nichts zu suchen, weder in der von Kindern noch in der von Hunden.

Wie aber kommt es zu den gängigen Missverständnissen? Indem »positiv« mit »gut« und »moralisch höherwertig« gleichgesetzt wird und indem man sich gleichzeitig auf lediglich eine Form der Belohnung bezieht. Den Rest der Lerntheorie, den vergessen wir einfach.

Es hat etwas sehr Verlogenes zu behaupten, man käme ganz ohne Strafe aus. Wozu auch? Was ist so schlimm daran, einen nervenden oder kläffenden Hund kurzfristig vor die Tür zu setzen oder in ein anderes Zimmer zu sperren? Das sei keine Strafe? Doch, das ist eine Strafe. Der Hund möchte mit dabei sein, er wird von diesem, als angenehm empfundenen sozialen Miteinander ausgeschlossen. Es ist folglich eine Form der negativen Bestrafung. Der Hund „hört" nicht und Sie entziehen ihm noch in der Situation etwas, das er mag. Seinen Ball beispielsweise. Das sei keine Strafe? Doch, auch das ist eine Strafe. Der Hund mag den Ball, der Ball wird ihm weggenommen, es handelt sich also wieder um eine negative Bestrafung. Aber auch der Einsatz einer Wurfkette zur Unterbrechung unerwünschten Verhaltens (Beispiel Kotfressen) ist eine Strafe. Der Hund empfindet die Wurfkette oder vielmehr das Geräusch derselben als unangenehm. Es handelt sich also um eine positive Bestrafung.

Die Lerntheoretiker gehen davon aus, dass alles, was man gelernt hat, auch wieder verlernt werden kann. Die lerntheoretischen Grundsätze der Übersichtlichkeit halber nochmals in ein knappes Schema gepresst:

Belohnung ➡ Verhalten tritt künftig häufiger auf

+ Positive Verstärkung = Angenehmes wird zugefügt
– Negative Verstärkung = Unangenehmes wird weggenommen

Bestrafung ➡ Verhalten tritt künftig seltener auf

+ Positive Strafe = Unangenehmes wird zugefügt
– Negative Strafe = Angenehmes wird weggenommen

Grenzen zu setzen hat eben auch mit einschreiten, mit handeln, mit sanktionieren zu tun. Da hilft ein schlichtes Ignorieren oder gar die beiläufige Gabe von schmackhaften Cocktailwürstchen wenig.

Noch ein Beispiel über die Verwirrung der Begrifflichkeiten, die selbst unter Fachleuten häufig anzutreffen ist. Auf einem Kongress referierte ich zum Thema Aggressionsverhalten und Versäumnisse in der Individualentwicklung von Hunden. Das Thema Strafe wurde diskutiert und eine andere Referentin sagte, zusammengefasst, in etwa Folgendes: »Ich möchte betonen, dass Erziehung über Belohnung viel besser funktioniert und deshalb mache ich es so und nicht anders.« So weit, so gut. Dann aber erzählte sie von ihrem Hund als Welpen, der, als sie mit ihm rangelte, sie aus dem Spiel heraus ins Gesicht zu beißen versuchte. »Da habe ich ihn aber genommen und auf den Boden gedrückt, auch als er gequiekt hat!«

Sieh an, eine Bestrafung! Da kommt man nicht umhin. Nur dass die Ausführende gleichzeitig behauptet, ausschließlich mit Belohnung ginge alles viel besser. Belohnungen förderten das Vertrauen, Bestrafungen hingegen würden selbiges unausweichlich zerstören und somit einer guten Bindung entgegenstehen.

So trivial die Bestrafung auch gewesen sein mag, sie kann für die weitere Entwicklung des Welpen hin zu einem verträglichen Hund entscheidend gewesen sein. Es ist durchaus möglich, dass – bestimmte Hundetypen vorausgesetzt – diese eine strafende Maßnahme bereits ausreicht, um den Halter zeitlebens nicht mehr infrage zu stellen. Zugegebenermaßen ist dies bei einem Colliewelpen wahrscheinlicher als bei einem kleinen Terrier. Zumindest ist eine andere Intensität des Handelns erforderlich. Wie auch immer: Es handelt sich hier um eine Bestrafung.

In diesem Zusammenhang möchte ich deutlich darauf hinweisen, dass eine falsch geleistete Strafe kontraproduktiv ist. Wenn beispielsweise zu einem falschen Zeitpunkt gestraft wird und der Hund überhaupt nicht die Gelegenheit hat, sein unerwünschtes Verhalten mit der strafenden Maßnahme in Verbindung zu bringen. Das ist dem Hund gegenüber unfair und führt zudem nicht zu dem gewünschten Ergebnis. Zu den unfairen und kontraproduktiven Maßnahmen gehört auch eine unangemessene Strafe – sowohl im Zuwenig als auch im Zuviel.

Weiterhin verliert Bestrafung jede Möglichkeit zur Veränderung eines unerwünschten Verhaltens, wenn sie als feindselige, frustrierte – und damit hoch emotionale – Reaktion wahrgenommen wird. Das ist ein Unterschied: Reagiere ich auf das Nerven meines Hundes selbst entnervt oder sogar wütend und »bestrafe« ihn – oder sage ich ihm mittels der Unterbrechung seines Verhaltens deutlich und klar, dass ich es schlicht und einfach nicht wünsche, ihm aber ansonsten zugetan bin. Ersteres Verhalten zeigt dem Hund an, dass ich mich nicht beherrschen kann und somit selbst nur über mangelhafte Führungsqualitäten verfüge – das Zweite aber sagt ihm, dass ich weiß, was ich will und es ihm auch abverlange. Dabei stelle ich den Hund selbst nicht infrage. Die Aussage meines Handelns lautet nicht: Ich finde *dich* nicht okay, sondern vielmehr, ich finde *dein Verhalten* nicht okay. Das ist ein entscheidender Unterschied – gerade auch für die Bindung!

Noch ein Wort zu Bindung und Vertrauen. Immer wieder werde ich gefragt, ob eine Strafe bzw. eine körperliche Einwirkung nicht das Vertrauen und damit selbstredend die Bindung zwischen Hund und Halter strapaziert und beidem folglich abträglich ist. Feldforschungsarbeiten wie die von Sandra Fischer** haben dies eindeutig widerlegt. Nach einem Abbruchsignal, also einer Bestrafung, sucht der Betroffene in der Regel den Anschluss an die Gruppe – in Demutshaltung. Er signalisiert auf diese Weise gleich mehrere Dinge: Er hat verstanden, worum es bei der Maßregelung ging, nämlich dass er zu weit gegangen war. Er bittet nun um freundliche Wiederaufnahme durch die Gruppe, das heißt, er sucht ausdrücklich und unmissverständlich den Anschluss und eben nicht den Abstand zu den anderen. Voraussetzung hierfür ist allerdings, dass die Beziehung Hund-Halter oder Hund-Hundegruppe eine stabile und verlässliche ist. Was nun kommt, ist auch für den strafenden Menschen etwas, das er häufig erst lernen muss:

---

* * Fischer, Sandra: Abbruchsignale der Hunde. Diplomarbeit Biologie, Maximilians-Universität Würzburg, 2007

Da es bei einer Bestrafung unter Hunden um den eigentlichen Konflikt geht und eben gerade nicht eine Sanktionierung mit dem Ziel eines längerfristigen oder gar dauerhaften Ausschlusses aus der Gemeinschaft, ist Integration (als Mensch kann man es auch Harmonie nennen) das vorrangige Ziel einer Auseinandersetzung. Nicht Ächtung, sondern das Gegenteil, Integration unter neuem Vorzeichen ist das Ziel einer sozialen Reibung.

Auch im Hund-Halter-Gespann schadet eine Strafe, wieder unter der Voraussetzung einer stabilen und verlässlichen Beziehung, der Bindung und der Vertrauensbeziehung zwischen beiden nicht. Im Gegenteil, eine Strafe, die von einem souveränen, selbstsicheren Menschen dem Hund erteilt wird, erlaubt es diesem, seine untergeordnete Stellung in der sozialen Hierarchie anzunehmen. Damit hat er die Möglichkeit, sich vertrauensvoll an seinem Menschen zu orientieren und sich sicher und geborgen zu fühlen.

Menschen tendieren – leider – dazu, emotional zu »strafen« und zunächst wütend und im Anschluss nachtragend zu sein. Hunde aber regeln die Dinge hier und jetzt, um sofort nach der Klärung eines Problems, »als sei nichts geschehen«, miteinander und in enger emotionaler Verbundenheit weiterzuleben. Häufig kann man unmittelbar nach einer erfolgten Sanktionierung, also einer Strafe, eine Spielaufforderung einer der beiden Beteiligten beobachten, die der jeweils andere fast immer annimmt. Das Spiel bietet beiden die Möglichkeit, die Lage zu entspannen. Dieser schnelle, aber keineswegs willkürliche Stimmungswechsel ist für Menschen oft schwierig zu gestalten. Hier sind wir gefordert, etwas dazuzulernen.

DIE DREI PROBLEME DER HUNDEHALTER

ICH MACH DICH MESSER – DER SICH AGGRESSIV VERHALTENDE HUND

Stellen Sie sich vor: Scheinbar aus dem Nichts taucht vor Ihnen ein großer, kräftiger, möglichst noch pechschwarzer, auf Krawall gebürsteter Hund auf, stürzt auf Sie zu und wird Sie binnen weniger Sekunden angreifen. Was geht jetzt in Ihrem Körper vor? Sie erschrecken, Ihr Puls schnellt in die Höhe, Ihre Pupillen weiten sich, Ihr Körper erstarrt. Die Palette der Reaktionsmöglichkeiten ist eingeschränkt: einfrieren, zurückweichen oder selbst angreifen. Wie wir jetzt handeln ist einerseits von unseren bisherigen Erfahrungen und unserer Persönlichkeit abhängig, wird aber darüber hinaus auch ganz wesentlich von den Bildern in unseren Köpfen geprägt. Der blutrünstige Hund, die entfesselte Bestie, das Monster von der Titelseite entsprechender Presseprodukte. Das weit aufgerissene Maul, die blendend weißen Haifischzähne, die schmalen, arglistigen Augen, die aufgestellten Ohren, die unglaubliche Zielgerichtetheit – das Böse hat schlagartig ein Gesicht bekommen.

Ein Hundegesicht.

Das Gesicht unseres besten Freundes.

Wie das? Könnte auch Ihr Hund, der gerade so süß auf dem Sofa zusammengerollt sein Verdauungsnickerchen macht, sich so verhalten?

Nein?

Dann haben Sie Glück gehabt. Doch es gibt Menschen, die einen solchen Hund besitzen. Meist ist er ganz lieb, wirklich. Auch die Beziehung zwischen Hund und Halter ist innig. Nur bei bestimmten Auslösern, da hat sich der Hund, der übrigens Rocky heißt, einfach nicht im Griff. Grundsätzlich aber ist er ein wirklich feiner Kerl. Das sagt auch der Zeitungshändler an der Ecke, bei dem sich Rocky regelmäßig ein Leckerli abholt. Und die Nachbarin mit der kleinen Tochter, die so gerne mit Rocky tobt und knuddelt. Und Rockys Mensch, der seinen Hund liebt.

Was also ist das: Aggressionsverhalten? Warum tritt es bei dem einen Hund nur dann auf, wenn man an seinen Napf will, beim nächsten, wenn er außerhalb des Hauses angeleint auf einen Artgenossen trifft, und beim dritten, wenn jemand an der Haustür klingelt? Warum knurrt der eine nur bedrohlich laut, während der andere ernsthafte Bissverletzungen zufügt? Ist ein sich aggressiv verhaltender Hund ein böser Hund?

Mitnichten. Die Verhaltensweisen der Aggression haben sich stammesgeschichtlich in ganz anderen Zusammenhängen entwickelt. Aggressionen gibt es, weil sie biologisch nicht nur sinnvoll waren, sondern es bis zum heutigen Tag noch sind. Wäre dem nicht so, hätten sie sich nicht über den Verlauf der Evolution hin erhalten. Gruppen funktionieren besser, weil sie sich gegen Fremde schützen können und dies wiederum den Zusammenhalt untereinander stärkt. Der Einzelne ist geschützt, er kann sich verteidigen und bleibt am Leben. Darüber hinaus kann das einzelne Tier mittels aggressiver Verhaltenselemente auch innerhalb der Gruppe gewisse Ziele erreichen, beispielsweise einen höheren Status, mehr Futter, Paarungsmöglichkeiten und vieles mehr.

Das »Böse« ist vielmehr eine Pervertierung, eine Verzerrung meist verbaler Natur, die man früher in Märchen fand und die heute von den Medien verbreitet wird und die aggressives Verhalten als etwas grundsätzlich Schädigendes, Schmähliches und Verwerfliches, sprich Asoziales, abstempelt. Aggression, Blut und Gewalt – diese Troika bildet eine scheinbar fest verschmolzene Einheit in den Köpfen vieler. Dabei handelt es sich um ein hochkomplexes Verhalten, das einer differenzierten und nuancierten Betrachtung bedarf.

Gehen wir noch einen Schritt weiter. Der Begriff »Aggression« leitet sich vom lateinischen Verb »aggredior« ab, was so viel wie »an etwas herangehen« und weiter »sich etwas oder jemandem zuwenden« bedeutet. Wir kennen diese Bedeutung auch umgangssprachlich, wenn wir davon sprechen »etwas in Angriff zu nehmen«. Der ursprüngliche Begriff beschreibt also ein pro-soziales Verhalten, nämlich an etwas oder jemanden heranzugehen und sich in der Folge möglicherweise auch mit diesem auseinanderzusetzen.

Differenzieren muss man auch zwischen psychologischen und biologischen Definitionen von Aggression. Psychologisch betrachtet – also in Bezug auf den Menschen – wird häufig davon ausgegangen, dass aggressives Verhalten eine Folge erlittener Frustrationen oder aber milieubedingter, also erlernter Verhaltensmuster ist. Biologisch betrachtet jedoch stellt das Aggressionsverhalten nur einen Teil des sogenannten »agonistischen Verhaltens« dar. Dieses wiederum umfasst sowohl die Verhaltensweisen des Angriffs als auch die der Abwehr und der Flucht.

In der Regel dient aggressives Verhalten dazu, sich entweder gegen Konkurrenten durchzusetzen und damit den eigenen Status zu erhöhen oder, in einer Verteidigungssituation, eine größere Distanz zwischen sich selbst und anderen herzustellen.

Kurzum: Aggressives Verhalten ist unverzichtbarer Teil des Sozialverhaltens. Es ist weder grundsätzlich böse oder schlimm, noch ist es verwerflich oder gemein. Es ist ganz normal. Was nicht normal ist, sind die Auswüchse solchen Verhaltens. Auswüchse entstehen immer dort, wo das eigene Verhalten dem Anlass als nicht mehr angemessen betrachtet werden kann. Es ist entweder zu heftig, nämlich dann, wenn mit Kanonen auf Spatzen geschossen wird. Oder aber es ist schlicht vollkommen fehl am Platz, sprich losgelöst von seinem ursprünglichen Sinn und Zweck.

Hierfür zwei Beispiele. Wenn ein unsicherer Hund einen anderen Hund anknurrt, möchte er lediglich, dass dieser ihm nicht noch näher auf die Pelle rückt. Sein Knurren signalisiert: »Komm nicht näher, das reicht.« Das darf man sagen, das ist normal und angemessen. Beißt aber ein Hund auf der Straße jedem Vorbeigehenden ins Hosenbein, so ist dieses Verhalten zwar erlernt, aber ohne jeden Sinn und Zweck, folglich unangemessen.

Was macht nun aber ein Halter, der einen aggressiven Hund sein eigen nennt? Leidet er? Wenn ja, woran?

Wenn Menschen und ihre Hunde wegen Aggressionsproblemen in die Hundeschule kommen, steht aggressives Verhalten gegen andere Hunde an allererster Stelle. Der Hund beißt alle anderen Hunde, oder nur Rüden oder nur Hündinnen, oder aber er attackiert Welpen, oder es findet gar keine Differenzierung statt und er greift jeden Hund an, gleich welchen Alters, welchen Geschlechts, welcher Größe und unabhängig davon, wie sein Gegenüber sich verhält. Weniger häufig ist dasselbe Verhalten aber gegen den Halter oder die eigene Familie gerichtet. Aggressives Verhalten Fremden gegenüber bildet, was die Häufigkeit betrifft, das Schlusslicht.

Generell sind Leute mit kleinen Hunden hier im Vorteil, wenn man es so nennen will, denn sie können ihren Hund zum einen festhalten und wissen gleichzeitig, dass – sollte es doch zu einem Beißvorfall kommen – die Schäden nicht annähernd so gravierend sein werden wie bei einem Fünfzig-Kilo-Hund. Letzterer kann erhebliche Schäden anrichten und katapultiert seine Besitzer allein mit seinem Potenzial schlagartig an den Rand der Gesellschaft.

Dabei hatte alles so schön angefangen. Die Welpenzeit war wunderschön gewesen. Probleme gab es keine. Alle waren nett zu- und miteinander, spielten und tobten und genossen jede Minute des Zusammenseins. Niemand kam auf die Idee, die vollkommene und ungetrübte Harmonie, eine Art paradiesischen Zustands, als merkwürdig zu empfinden. Im Gegenteil, so hatte man sich »einen Hund haben« immer vorgestellt: der liebevolle Kumpel, der kleine Strolch, der lustige Clown, der einen mit seinen drolligen Einfällen immer wieder verblüffte und zum Lachen brachte.

Doch dann kam etwas dazwischen. Es geschah ganz plötzlich, quasi über Nacht: Die Biologie des Hundes machte sich bemerkbar, die Hormone schossen. Der Hund wurde anders, prollte hier und da herum, klaute die Wurst vom Tisch und interessierte sich weitaus mehr für andere Hunde oder auch nur für deren Hinterlassenschaften als für den allzeit spielbereiten Halter. Dieser stand, enttäuscht und ratlos, plötzlich ein wenig alleine da. Was war aus seinem Kumpel, aus dem Strolch, aus dem kleinen lustigen Clown geworden?

Das gleiche Phänomen kann man auch bei Menschen beobachten. Als Eltern hat man gewisse Vorstellungen und tut alles für sein wunderbares Kind. Pädagogisch wertvolles Holzspielzeug statt billigen Ramsch, selbst zubereitete Speisen aus ökologisch untadeligem Anbau, erst die beste Krabbelgruppe, wenig später Musikfrüherziehung, Talentförderung auch dann, wenn keine Talente erkennbar sind, Zweisprachigkeit, Ballett. Die Kindheit verläuft erstaunlich reibungslos, der kleine Sohn lernt gut, die Eltern sind stolz und zufrieden. Doch dann schlägt es buchstäblich dreizehn. Erst bekommt er Pickel, was ja noch hinnehmbar und lediglich eine optische Beeinträchtigung ist. Doch mit den Pickeln läuft er auch plötzlich breitbeinig wie John Wayne durchs Wohnzimmer, kommt irgendwann mit einer dicken Lippe nach Hause, und sagt zu seinem Vater Dinge wie »Pass mal auf, Alter!« und zu seiner Mutter »Ey, isch weiß gar nisch, was du willst.«

Jetzt kann man häufig eine tiefe Enttäuschung auf Seiten der Eltern beobachten: Wir sind so lieb gewesen, haben extra zu Heiligabend einen Esel gemietet und ihm ein Geweih aufgesteckt, wir waren immer für dich da, haben dir die Hand gehalten, wenn du krank warst und dir die Tränen abgetrocknet, wenn irgendetwas schiefgelaufen war. Wir haben alles getan – und alles nur, damit du gut wirst!

Wie beim Menschenkind ist dieses Thema auch beim Hundekind hochemotional. Alles gegeben, alles getan – und jetzt beißt er! Dabei war etwas ganz anderes vorgesehen. *Vorgesehen war, dass wenn man immer nur nett ist, zwangsläufig auch immer etwas Nettes dabei herauskommen muss.* Diese Vorstellung ist nicht nur naiv. Die dem zugrunde liegende, geradezu absolute Harmonievorstellung kann man nur als grundsätzlich gestört bezeichnen. Geschürt wurde und wird dieses Bild einer heilen Welt allerdings durch die seit etwa zehn Jahren verstärkt öffentlich geführte Diskussion über Aggressionsverhalten, bei der entweder unterschwellig oder ganz bewusst der Eindruck entstand, dass es sich dabei um etwas aus der Art Geschlagenes handele, das irgendwie nicht stattfinden dürfe. Nur Liebsein darf stattfinden, nur Liebsein ist gut und edel.

Harmonie ist also das Ziel. Aber wie man Harmonie erreicht, das ist vielfach in den Köpfen und in der Gefühlswelt der Menschen nicht mehr verfügbar. Dass Harmonie nicht immer, aber doch sehr häufig das Ergebnis erfolgreich gelöster Konflikte ist, ja, dass das ganze Leben aus Konflikten besteht, die mehr oder weniger erfolgreich gelöst werden müssen – dieses Verständnis ist heute nur noch selten vorhanden. Doch was zählt, ob bei Menschen, Hunden oder anderen in Gruppen lebenden Tieren, ist der soziale Zusammenhang: Das Zusammenleben muss gelingen, der Laden muss laufen. Soll ein Miteinander aber gelingen, kann es nicht nur einem gut gehen, während andere ständig das Nachsehen haben. Im Gegenteil, der eine muss durchaus auch mal zurückstecken oder einen Kompromiss schließen. Sich sozial zu organisieren heißt nichts anderes, als

Kompromisse zu schließen. Das aber, Kompromisse zu schließen und auch mal zurückzustecken, ist uns nicht in die Wiege gelegt, das müssen wir erst mühsam erlernen. Auch unsere Hunde müssen das erst lernen. Und dafür brauchen sie jemanden, der es ihnen beibringt: *Dafür brauchen sie ihren Menschen.*

Was machen nun die Halter, die einen wie auch immer sich aggressiv verhaltenden Hund haben? Das ist ganz unterschiedlich.

Verhält der Hund sich gegen seinesgleichen hochgradig aggressiv, gehen sie häufig ausschließlich dann spazieren, wenn sie darauf hoffen können, dass kaum andere mit ihren Hunden unterwegs sind: in den frühen Morgenstunden, nach Mitternacht, oder eben auch gar nicht. Man hält den Hund tagsüber versteckt und fährt in der Dämmerung mit dem Auto aus der Stadt, oft in ländliche Gebiete, in denen Hundebegegnungen weitaus unwahrscheinlicher sind als beispielsweise in der Hamburger Innenstadt. Dort trete ich aus der Wohnungstür und muss bereits im Treppenhaus die erste lautstarke Konfrontation mehr schlecht als recht irgendwie geregelt bekommen.

Ist die Intensität der Aggressionen des Hundes nicht ganz so hoch, wird in der Regel versucht, dem Konflikt bei Auftreten auszuweichen. Kaum taucht in der Entfernung schemenhaft ein anderer Hund auf, wird die Straßenseite gewechselt oder doch zumindest dem entgegenkommenden Hundehalter die bange Frage nach dem Geschlecht des Hundes zugerufen. Man ist sich der Brisanz des Problems bewusst. Man weiß, dass man es nicht gebacken bekommt und mogelt sich so durch. Auch hier sind die Halter kleiner Hunde insofern im Vorteil, als sie ihren Hund hemmungslos pöbeln lassen können, während der entgegenkommende Besitzer eines stattlichen Riesenschnauzers, dessen Hund dem größenwahnsinnigen Dreikäsehoch ganz gerne eine passende Antwort geben würde, die Sache mit seinem Hund irgendwie regeln muss. Pech gehabt, sein Problem, was geht das den Rüpelhalter an. Auch hier zeigt sich wieder einmal: *Der größte Feind des Hundehalters ist der Hundehalter.*

Richtet sich das aggressive Verhalten des Hundes gegen andere Menschen, wird der Hund meist ganz einfach nicht mehr mitgenommen. Einen solchen Hund zu halten ist gekoppelt an ein Gefühl der permanenten Niederlage und hat fast immer einen bitteren Beigeschmack. Ich kriege es nicht hin, den Hund einigermaßen zur Ordnung zu rufen – und jeder sieht es! Was müssen die Leute von mir denken? Weil es so peinlich ist, sind die Entschuldigungen auch nicht weit. Entschuldigungen, die in der Regel die Schuld auf den Hund oder aber auf irgendein Ereignis in der Vergangenheit abwälzen, verschaffen zumindest ein ganz kleines bisschen Erleichterung.

»Der ist als Welpe geschlagen worden« oder »Da kam mal ein Mann mit Hut vorbei, der muss irgendetwas gemacht haben mit dem Hund, denn seitdem ist er so« oder »Als der Postbote klingelte, schlief er gerade – da hat er sich so erschrocken und seitdem beißt er!«

Vielleicht ist der Hund tatsächlich als Welpe geschlagen worden, vielleicht kam der Mann mit dem Hut wirklich vorbei und hat was auch immer getan, und vielleicht schlief der Hund tief und fest, als der Postbote klingelte – bis hierhin sind es wertfreie Beobachtungen. Die Schlussfolgerung aber, dass der Hund »seitdem ganz anders« ist, den »Stress« einfach nicht verkraftet habe und nun alles beißt, ja beißen muss, der arme Kerl, was ihm in die Quere kommt – diese Schlussfolgerung ist ganz sicher nicht richtig. Wenn sie richtig wäre, müssten *alle* Hunde *immer* beißen – denn Erlebnisse dieser Art dürften wohl jedem heranwachsenden Hund schon mal untergekommen sein. Hundehalter tendieren dazu, jegliche Belastung des Hundes automatisch als Stress zu interpretieren und somit einen Hund heranzuziehen, dessen Belastungsgrenze übermäßig schnell erreicht wird.

Entschuldigungen wie die hier erwähnten sind sehr menschlich. Irgendwie muss man sich und anderen das Verhalten seines Hundes erklären. Die Missachtung und Geringschätzung der Umgebung belastet und bedrückt den Hundehalter. Und weil ihm selbst das Verhalten seines Hundes im Grunde unerklärlich ist, legt er sich zurecht, wie es hätte sein können. Meist ist es dann ein anderer, der die Schuld daran trägt, nur nicht ich selbst. Ist aber ein anderer das Motiv für das Verhalten, bin ich raus aus der Nummer. Das Problem hierbei ist, dass etwas ganz Elementares so gar nicht mehr wahrgenommen werden kann: Ein solches Verhalten wird nicht wie auf Knopfdruck von einem einzigen Erlebnis oder einem einzelnen Menschen ausgelöst – es ist so gut wie immer ein Prozess. Der Vollständigkeit halber sei erwähnt, dass in seltenen Fällen auch krankhafte Veränderungen wie Gehirntumore oder bestimmte hormonelle Störungen die Ursache sein können.

Es hat also eine Entwicklung stattgefunden, die zu diesem Verhalten geführt hat. Diese Entwicklung hat viel mit dem ganz alltäglichen Umgang des Menschen mit seinem Hund zu tun und ist so gut wie nie auf ein einziges traumatisches Ereignis zurückzuführen. Sie beginnt meist ganz harmlos und nicht selten bereits im Welpenalter. Mit dem später fünfzig Kilo schweren Hund wird als kleiner Kerl wild getobt, er darf anspringen, auch ein »bisschen knabbern« oder seine kleinen Zähnchen dann und wann im Hosenbein festhaken. Noch ist es lustig. Und so süß! Der kleine Kerl kehrt den Macker raus – possierlich! Nicht viel später aber ist es bereits lästig. Und irgendwann wird es, wenn immer noch keine Grenzen gesetzt wurden, potenziell gefährlich. Der Hund lässt sich dann eben nicht mehr so ohne Weiteres sagen, dass er am Zaun nicht die Zähne fletschen soll oder dass Ihr Besuch das Recht hat, unbeschadet durch die Haustür einzutreten. Jetzt aber von einem Tag zum anderen beinharte Regeln aufzustellen, ist illusorisch. Das nimmt Ihnen kein Hund ab. Aus heiterem Himmel plötzlich anzukommen mit »Pass mal auf, Kleiner, so läuft das hier nicht, du darfst nicht beißen, das müsste dir doch klar sein«. Nein, das ist dem so »erzogenen« Hund nicht nur alles andere als klar, es *kann* ihm gar nicht klar sein. Damit es hätte klar sein können, hätte es einer rechtzeitigen, souveränen und wohlwollenden Begrenzung bedurft: Das darfst du – und das darfst du nicht. Das ist ein längerer Lernprozess und hat nichts mit Härte und einer plötzlich übergestülpten Diktatur zu tun.

Es hätte ganz einfach sein können und wäre dem Hund gegenüber um so vieles fairer gewesen. Nun aber lässt er sich unter Umständen nicht mehr so einfach begrenzen, sondern verteidigt seine gewohnten Freiheiten, je nach Persönlichkeit, auch mal sehr nachdrücklich.

Erst spielt man Zorro und irgendwann glaubt man, selbst Zorro zu sein. Diesen Unterschied zwischen Spiel und Ernst, den müssen sowohl Menschenkinder als auch Hundekinder lernen. Was ist Spiel, was ist Ernst – das muss man dem Hund sagen! Denn sonst fällt er in seine Welt und hat keine Chance, sein Verhalten zu anderen und zu seiner Umwelt in Bezug zu setzen. Bei Kindern sind es die Erwachsenen, die hierbei helfend eingreifen müssen, bei Hunden die jeweiligen Halter. Ich kann mich eben nicht aufs Sofa setzen, den Fernseher laufen lassen und hoffen, dass sich die Sache von selbst erledigt. Lernen geschieht nicht vollautomatisch. Tut es das aber, wird sehr oft genau das Falsche gelernt.

Was also tun?

Gerade bei Rassen, deren aggressives Potenzial durch Zucht weiterhin aufrechterhalten wird, muss man sich diesem Potenzial stellen. Man muss es sehen, man muss damit etwas anfangen können, und man muss es begrenzen, genauer gesagt, man muss es in angemessene Bahnen lenken können. Das geht besonders gut im Spiel. Kämpfen Sie mit Ihrem Welpen! Wie oft hört man, man dürfe auf keinen Fall mit seinem Welpen kämpfen, weil man damit dessen aggressives Potenzial wecke oder, falls dieses bereits offen zutage liegt, noch weiter fördere. Frei nach dem Motto: Je öfter ich mit meinem Welpen rangele, desto fester beißt er auch zu. Das klingt gut, ist aber dennoch Unsinn. Es stimmt nur dann, wenn Sie das Beißen hinnehmen und damit zulassen. In diesem Spiel aber könnten Sie bereits klären, was als Spiel durchgeht und wo Ihr Hund, übrigens ganz ohne böse Absicht, seine Grenzen überschreitet. Provozieren Sie bereits im Welpenalter Konflikte, um sie dann in Ihrem Sinne zu lösen! Statt einem kleinen Cattle Dog zu erlauben, dem eintretenden Besuch immer fleißig ins Bein zu schnappen (»Der tut nichts! Der will nur spielen!«), greifen Sie genau in dem Augenblick ein, in dem aus dem spielerischen Getobe Ernst wird und der kleine Kerl mal grob abcheckt, wie weit er gehen kann – ergo wie weit man ihn gewähren lässt. Es spricht für seine Intelligenz, dass er nachfragt, wie weit er gehen kann. Es spricht ebenfalls für seine Intelligenz, dass er unter Umständen mehrmals dieselbe Frage stellt. Das geschieht besonders dann, wenn er seine Menschen im Vorfeld als manipulierbar und unklar erlebt hat. Schließlich wollte er nur noch mal überprüfen, ob das, was gestern galt, auch heute noch in Stein gemeißelt ist. Sie als Halter können, ja Sie *müssen* ihm diese Fragen beantworten. Sie als Halter *müssen* handeln (handeln, nicht reden!) – zumindest wenn Sie nicht wollen, dass Ihr Hund später derjenige ist, der *Ihre* Grenzen und *Ihren* Handlungsspielraum festlegt.

Der Glaube, man schüre mit einem auf diese Weise provozierten Konflikt Aggressionen, die man später nicht mehr in den Griff bekommt, ist ein weitverbreiteter Irrglaube. Denn auch die Dinge, die man nicht darf, muss man zunächst einmal ausprobieren dürfen. Nicht zu beißen lernt man über das Zubeißen! Das mag zunächst absurd erscheinen, ist aber leicht zu erklären: Ich beiße zu, woraufhin mir von meinem Gegenüber deutlich gesagt wird, dass Zubeißen nun gar nicht geht. Weil ich nicht ganz sicher bin, ob ich es auch richtig verstanden habe, überprüfe ich es und beiße noch einmal zu. Nun ist die Reaktion des Gegenübers so eindeutig, dass ich kein drittes Mal zubeißen muss, denn ich habe begriffen und gelernt, dass Zubeißen in diesem Zusammenhang keinen Platz hat.

Hunde- und Menschenkinder lernen vieles nur, indem sie Fehler machen dürfen. Sich nicht zu prügeln, sondern andere Wege der Auseinandersetzung zu suchen, lernt man nicht über eine Diskussion über das Für und Wider des Prügelns, sondern indem man sich körperlich auseinandersetzen darf. Salopp gesagt lernt man, sich nicht zu prügeln über das Prügeln. Diesen Fehler zu machen ist sehr lehrreich, denn dabei lernt der kleine Kerl nicht nur, dass es sich um ein unerwünschtes Verhalten handelt, sondern auch, warum es unerwünscht ist. Es tut anderen weh. Es schießt weit über den Anlass hinaus und ist folglich unangemessen. Voraussetzung dieses so elementar wichtigen Lernprozesses ist allerdings, dass es jetzt jemanden gibt, der einem sagt, dass es sich bei diesem Verhalten um einen Fehler handelt und dass es unerwünscht ist. Dieses »Sagen« muss nicht unbedingt auf der sprachlichen Ebene erfolgen. Haue ich jemanden und derjenige haut zurück, kann das bereits reichen, mich auch in Zukunft zumindest diesem Individuum gegenüber auszubremsen.

Es sind ja auch durchaus Situationen vorstellbar, in denen die Fähigkeit zuzuschlagen oder sich anderweitig körperlich zur Wehr zu setzen, überlebenswichtig sein kann. Bei einem Überfall zum Beispiel. Habe ich aber nie gelernt, aggressives Verhalten im richtigen Maß – also dem Anlass entsprechend – einzusetzen, werde ich mich im entscheidenden Augenblick gar nicht aggressiv verhalten *können*. Ich habe nicht gelernt: wann verhalte ich mich neutral, wann reicht eine verbale Absage, und wann muss ich Gegenwehr leisten.

Diese Lernprozesse sind gerade bei Hunden, die ein entsprechendes genetisches Potenzial mitbringen, unbedingt zuzulassen und ebenso unbedingt kompetent begrenzend zu begleiten.

Verhält der Hund sich dem eigenen Halter gegenüber aggressiv, wird es kritisch. Er muss noch nicht einmal wirklich zugebissen haben, vielleicht hat er nur sehr deutlich geknurrt oder aber er stand einfach nur stocksteif da und hatte diesen komischen Blick. So einen wirklich komischen Blick, mit dem man einerseits nichts anzufangen weiß, der einem aber ganz intuitiv bedrohlich vorkommt. Plötzlich ist er da, der Riss, zwischen dem vom Welpenalter an aufgezogenen Liebling und seinem Menschen. Plötzlich schaut man den eigenen Hund skeptisch an und kann seine Blicke und sein Verhalten nicht mehr eindeutig interpretieren. Nicht selten wird dieser Riss gefühlsmäßig als irreparabel empfunden – verursacht durch nur eine einzige Handlung des eigenen Hundes!

Auch bei Menschen kann man dieses Phänomen beobachten. Hier brauchen wir gar nicht unbedingt den rüpelhaften Teenager zu bemühen, der seine Eltern beleidigt oder sie mit seiner Missachtung verletzt. Auch Mütter, deren Kleinkinder sich ihnen gegenüber aggressiv verhalten, bauen etwas Distanz auf, sind ein bisschen weniger lieb. Ob das Enttäuschung ist oder aber Frustration, sei dahingestellt. Auf jeden Fall geht das eigene Puzzle, das man sich vorgenommen hatte, in liebevoller Kleinarbeit Stückchen für Stückchen zusammenzusetzen, von einer Sekunde zur nächsten nicht mehr auf. Die Gefühle, die in diesen Augenblicken entstehen, sind oft entscheidend für die Folgezeit.

Statt jedoch Distanz aufzubauen, wäre jetzt der Augenblick gekommen, sich selbst einzubringen, also sich selbst in die vom Hund angezettelte Diskussion einzuschalten. Diskussion? Ja, der Hund diskutiert gerade mit Ihnen. Er sagt zum Beispiel: »Hau ab, das Wohnzimmer, das Sofa, der Knochen, der Eingangsbereich, das Bett, der Esstisch oder was auch immer, gehören mir. Kommst du näher, möchte ich dich jetzt schon warnen, dass ich das nicht akzeptieren werde.« Nun ist es an Ihnen zu antworten. Wie diese Antwort aussehen könnte, hängt vom Einzelfall ab. Vom Hund, von Ihrem Problem, von Ihrer Handlungsfähigkeit. Hier ist nur erst mal wichtig, dass Sie die Möglichkeit nicht aus den Augen verlieren, dass Sie jetzt handeln *können* und mehr noch, dass Sie jetzt handeln *müssen*. Die aggressive Handlungsweise Ihres Hundes sollte Sie eben gerade nicht verstören und zum Rückzug veranlassen, sondern im Gegenteil zum Handeln animieren.

Sie müssen das mögen! Sie dürfen diesen Konflikten nicht aus dem Weg gehen! Gerade jetzt braucht Ihr Hund Ihre Hilfe. Gerade jetzt dürfen Sie ihn nicht im Regen stehen lassen. Gerade jetzt können Sie ihm erklären, dass Sie nicht nur eine grundsätzlich andere Meinung vertreten, sondern dass er sich dieser Meinung wird anpassen müssen.

Was wäre die Alternative? Nichts zu tun? Den Hund zu ignorieren? Sich enttäuscht zurückzuziehen und darauf zu hoffen, dass Ihr Hund angesichts Ihrer tiefen Enttäuschung reumütig zu Ihnen angerobbt kommt, Sie mit vor Schamgefühl bebender Stimme um Entschuldigung bittet und Besserung gelobt? Glauben Sie wirklich, Ihr Hund, dem Sie seine eben gestellte Frage unbeantwortet gelassen haben, wird diese Frage nicht bei der sich nächstbietenden Gelegenheit noch einmal stellen? Vielleicht dieses Mal einen Tick deutlicher, da Sie ihn beim ersten Mal offenbar nicht so richtig verstanden haben?

Aggressionen gegen den oder die eigenen Menschen ist ein vielschichtiges Thema. Die Grundhaltung der Halter gegenüber ihrem Hund ist dabei oft die, Letzteren gewähren zu lassen und es damit ihm zu überlassen, die im Haus und in der Beziehung geltenden Regeln aufzustellen. Hierfür gibt es zahlreiche Beispiele. Allen gemeinsam ist, dass vor dem ersten Beißvorfall eine längere und in sich schlüssige Entwicklung stattgefunden hat. So gut wie nie geschieht ein Beißvorfall gegen den eigenen Halter aus heiterem Himmel, aber so gut wie immer wird er von den betroffenen Menschen so empfunden. Es ist wie ein Schlag ins Gesicht: Mein eigener Hund beißt mich! Wie kann das sein? Ich war doch immer so nett zu ihm und habe mich so viel gekümmert! Die Entwicklung bis zu diesem Zeitpunkt möchte ich anhand eines Beispiels veranschaulichen, das stellvertretend für viele andere ist.

Spike, der vierjährige Jack-Russell-Terrierrüde eines älteren Ehepaars, kam bereits als Welpe ins Haus. Spike war ein Wunschhund, die beiden Halter waren von der Rasse oder genauer gesagt dem Aussehen ebendieser vollkommen fasziniert. Der kleine Hund wurde aufmerksam betreut, die Halterin las jedes Hundebuch, dessen sie habhaft werden konnte. Man bemühte sich sehr, alles richtig zu machen. Spike besuchte zunächst eine Welpengruppe, später eine Junghundgruppe, wo er formale Erziehungsinhalte wie Sitz-Platz-Fuß lernte, allerdings bereits zu diesem Zeitpunkt nur widerwillig ausführte. Darüber hinaus genoss Spike täglich mehrere Stunden Freilauf in Gesellschaft anderer Hunde und wurde vor allem von seinen beiden Menschen von ganzem Herzen geliebt.

Die Probleme begannen schleichend. Spike schnappte, wenn man ihm das Halsband anlegen wollte. Die Halterin erklärte sich dieses Verhalten mit der augenscheinlichen »Freiheitsliebe« des Hundes. Spike sei nun mal eine richtige Persönlichkeit mit Ecken und Kanten. Es schwang auch ein wenig Stolz mit, dass Spike sich aufgrund seiner vermeintlich starken Persönlichkeit Dinge herausnahm, die sich die Halterin selbst nicht getraute. Das Problem des Anleinens wurde mittels einer Moxonleine gelöst. Ließ sich Spike zwar leise knurrend, aber ohne zu schnappen anleinen, wurde er für diese eigentlich vollkommen selbstverständliche »Leistung« zuverlässig mit einem Leckerli belohnt. Belohnt wurde hier, nebenbei bemerkt, nicht das »problemlose« Anleinen, sondern Spikes Drohverhalten, sprich das Knurren.

Etwa zur gleichen Zeit begann Spike damit, den Garten streng zu bewachen und sich nähernde Besucher zu bedrohen. Wagten sie sich tatsächlich auf das Grundstück, machte Spike seine Drohung wahr und schnappte zu. Zunächst »nur« in die Hacken. Auch dieses Problem wurde »gelöst«: Besucher wurden gebeten, vor dem Eintreten so lange zu warten, bis Spike weggesperrt war. Zu diesem Zweck wählte man das Wohnzimmer. Das »Besuchszimmer« für Menschen war fortan die zwar gemütliche, aber räumlich begrenzte Küche.

Da Spike aber auch im Wohnzimmer laut bellend und wild kratzend gegen die Tür sprang, zogen es mehr und mehr Besucher vor, nur noch sehr selten oder auch gar nicht mehr zu kommen.

Wenig später schauten selbst die eigenen Kinder nicht mehr vorbei, weil sie als Eltern um die beiden Enkel bangten.

Das Ehepaar stand nun ziemlich einsam da.

Doch damit nicht genug. Spike begann, das Wohnzimmer nicht nur während der Anwesenheit von Besuchern zu belegen, sondern es ganz generell immer mehr für sich zu beanspruchen. Besonders der Mann, ein nachgiebiger, äußerst liebevoller Mensch, der ein großes Herz für seinen Hund hatte, war nicht mehr gelitten. Die von Spike getroffene Entscheidung untermauerte der Hund bei Zuwiderhandlung mit Bissen in Hacken oder Waden. Die noch nur oberflächlichen Bisswunden bezeichnete der Mann als »Kratzer«.

Was tat nun der Mann? Er zog ein Stockwerk höher, richtete sich in seinem Arbeitszimmer ein und überließ dem geliebten Hund das untere Geschoss. Was konnte er gegen den so willensstarken Hund schon ausrichten?

Die Frau durfte weiterhin ins Wohnzimmer, allerdings war sie dort je nach Laune ihres Hundes entweder gelitten oder eben auch nicht. Gelegentlich stand Spike von seinem Schlafplatz auf, versperrte ihr den Weg und knurrte sie drohend an. Wich die Frau zurück, war Spike zufrieden. Tat sie es nicht, biss er ihr ins Bein. Die ersten Bisse waren »nur« Schnapper. Es dauerte aber nicht lange, bis Spike seinen Aufforderungen mit ernsthaften Bissverletzungen Nachdruck verlieh. Noch nicht einmal jetzt, wo es bereits ärztlich zu versorgende Bisswunden gab, werteten die Halter die Situation als brisant. Ganz im Gegenteil, die Halterin fühlte sich verpflichtet, ihrem Hund im Wohnzimmer Gesellschaft zu leisten. Schließlich brauchen Hunde den engen Kontakt zu ihren Bezugspersonen, um eine auf Vertrauen fußende Bindung aufzubauen. Dass ihr Mann im oberen Stockwerk auch ein geselliges Lebewesen war, kam offenbar beiden nicht mehr in den Sinn. Hauptsache Spike lebte »artgerecht«.

Der Fall endete unerwartet glimpflich. Die Halter kamen nach zwei ernstzunehmenden Beißattacken zu dem Schluss, dieser Art von Konflikten nicht gewachsen zu sein. Der Hund wurde an ein Paar vermittelt, das sowohl mit der Rasse wie auch ihrem Wesen Erfahrung hatte. Von Tag eins in der neuen Umgebung galten für Spike neue Regeln. Neue Regeln, die nicht nur eindeutig und klar waren, sondern Spike auch ebenso eindeutig und klar vermittelt wurden, dass er sie, ohne weiter nachzufragen, als gegeben akzeptierte.

Spike hat bis heute nicht wieder gebissen.

Dieser Fall illustriert sehr deutlich, wie unscheinbar und schleichend sich diese Dinge anbahnen, wie das Verhalten des Hundes entschuldigt wird, wie die Probleme mittels Umgehen oder Vermeiden »gelöst« werden, wie den häufigen und vielfältig gestellten Fragen des Hundes konsequent ausgewichen wird, und wie die daraus entstandenen Probleme am Ende für die Halter nicht mehr zu bewältigen sind. Darüber hinaus zeigt der Fall aber auch, wie wenig vonnöten gewesen wäre, um Spike zu einem ganz normalen, unauffälligen Hund zu erziehen.

Ist Spike nun ein gefährlicher Hund oder nicht? Kommt ganz darauf an! Gefährlich ist ein Hund immer dann, wenn der Mensch auf das Verhalten seines Hundes keinen Einfluss mehr hat. Habe ich beispielsweise einen Hund, der andere Menschen beißt oder aber beißen würde, wenn sie ihm zu nahe kommen, dann habe ich einen gefährlichen Hund. Weiß ich aber um das Verhalten meines Hundes und kann mich ihm gegenüber so darstellen und einbringen, dass er das Verhalten gar nicht erst zeigt, wird niemandem auffallen, dass es sich hier um einen potenziell gefährlichen Hund handelt. Zu Recht, denn in meiner Gegenwart *ist* er nicht gefährlich.

Die Gefährlichkeit eines Hundes ist also nichts Absolutes, sondern muss immer im Zusammenhang mit seiner Umgebung und seinem jeweiligen Halter gesehen werden. Denn in dem Augenblick, in dem ein Halter seinen Hund nicht managen kann, kann jeder Hund gefährlich werden. Dann kommt es nur auf den Auslösereiz an, und der ist bei dem einen Hund höher und bei dem anderen niedriger. Aber eben doch grundsätzlich vorhanden.

Hinzu kommt die Rasse des Hundes. Handelt es sich um eine Rasse, bei der im Verlauf der Zucht darauf selektiert wurde, in bestimmten Situationen »wehrhaft« zu handeln, sprich anzugreifen und zu beißen, brauche ich mich eigentlich nicht zu wundern, dass wenn ich den Hund alleine im Regen stehen lasse und ihm nicht beibringe, was richtig und was falsch ist, er genau das tut, was in ihm steckt und was ihm genetisch bereits vorgegeben ist.

In Bezug auf Aggressionsverhalten bei unseren Familienhunden kommt man am Thema Rassehundezucht nicht vorbei. Die meisten Hunderassen werden heute stringent und vorrangig nach ihrem äußeren Erscheinungsbild gezüchtet. Die hierfür von den Dachverbänden festgesetzten Kriterien sind bis ins letzte Detail vorgeschrieben. Für dieses »perfekte«, ja geradezu geklonte äußere Erscheinungsbild werden nicht nur zahlreiche gesundheitliche Mängel in Kauf genommen, auch das Wesen des Rassehundes spielt trotz gegenteiliger Beteuerungen bei der Auswahl der Elterntiere sehr häufig eine nur untergeordnete Rolle. So kommt es, dass wir zwar genau wissen, wie unsere Hunde aussehen werden, aber nicht, wie sie handeln werden. Jede Rasse ist für jedermann zugänglich, obwohl bekannt ist, dass das Verhalten bestimmter Rassen und das Management dieses Verhaltens durchaus an menschliche Fähigkeiten gekoppelt sind. Diese Fähigkeiten wiederum sind auch handwerklicher Art und laufen nicht nur auf intellektueller Ebene ab. Es reicht also nicht, sich bestimmter Eigenschaften bewusst zu sein, man muss sie auch körperlich und vom eigenen Temperament her in die richtigen Bahnen verweisen können. Nicht jeder ist dafür gemacht, bestimmte Rassen zu führen. Warum auch? Doch es gibt immer mehr Menschen, die sich in das Äußere einer Rasse vergucken und dann mit den dazugehörigen Anlagen einfach nicht zurechtkommen. Das müssen nicht unbedingt wehrhafte Hunde sein, das können auch »nur« passionierte Jäger sein.

Bisher haben wir nur von jenen Menschen gesprochen, die einem aggressiven oder potenziell aggressiven Verhalten Ihres Hundes ablehnend gegenüberstehen. Es gibt aber auch Menschen, die Gefallen am unangemessenen Aggressionsverhalten ihres Hundes finden und sich gerade deswegen für eine bestimmte Rasse entschieden haben. Der junge Hund wurde durch den Entzug von Sozialkontakten zu anderen Hunden und Menschen entsprechend manipuliert und zusätzlich »scharf« gemacht. Er soll zubeißen oder doch zumindest den Eindruck erwecken, als würde er es nur zu gerne und ohne zu zögern tun. Er soll gefährlich aussehen, er soll anderen Angst und Schrecken einjagen, er soll was hermachen. Aber warum?

Der eigene Hund drückt für manche Menschen das aus, was sie selbst nicht ausdrücken, sprich leben können. Er drückt aus, was sie denken oder wie sie empfinden. Häufig sieht man Jugendliche, deren Hunde ihr eigenes Selbst- oder besser gesagt ihr Wunschbild widerspiegelt: ein im Fitnessclub gestählter Body, körperbetont, geil. Andere wiederum leben über ihren Hund das aus, was sie sich sonst nicht trauen: mal jemandem so richtig unverblümt die Meinung ins Gesicht rotzen, gerade weil sie ihrem Chef gegenüber als permanenter Ja-Sager immer klein beigeben. Die Hunde grölen dann alles raus, was sie denken und fühlen. Klein beigeben ist die Realität – durch den Hund aber kann man in eine Rolle schlüpfen, die eigentlich ein paar Nummern zu groß ist. Man benutzt den Hund, um sich selbst darzustellen.

Diese Form des Missbrauchs als Stellvertreter oder als Statussymbol findet man auch im Bereich des Hundesports. Ich selbst habe zwar eine Wampe und schaffe es nur mit Mühe über die knapp kniehohe Hürde, aber mein Hund macht einsachtzig aus dem Stand!

Diese Glanzleistung strahlt auf mich ab und lässt auch mich leuchten. Da fällt es plötzlich gar nicht mehr auf, wie unbeweglich ich selbst bin.

Wir koppeln häufig die eigenen Erwartungen und die Wunschvorstellungen von uns selbst an das Verhalten unserer Hunde. Diese Vorstellungen und Wunschbilder können wir entweder über das äußere Erscheinungsbild oder aber das Verhalten unseres Hundes zum Ausdruck bringen. Über die Rasse und das Verhalten findet zwischen Hund und Halter eine Art Assimilierung statt. Habe ich beispielsweise einen zierlichen, blitzschnellen Windhund, signalisiere ich damit meiner Umwelt, was für ein feinfühliges Wesen ich bin oder zumindest gerne wäre.

Verstehen Sie mich nicht falsch: das ist vollkommen in Ordnung. Nicht in Ordnung ist es nur dann, wenn ich die Belange und grundsätzlichen Bedürfnisse meines Hundes missachte, nur um so meinen eigenen Wunschvorstellungen etwas näherzukommen oder die eigene Selbstdarstellung weiter zu perfektionieren. Diese Form der Missachtung ist mehr als nur Missachtung – sie ist Missbrauch. Im Bereich sich aggressiv verhaltender Hunde kommt erschwerend hinzu, dass das durch den Menschen aktiv geformte oder aber durch Unterlassung und Erfahrungsentzug hervorgerufene Verhalten häufig auch jene Unbeteiligten tangiert, die eigentlich damit überhaupt nichts zu tun haben wollen.

Kaum taucht ein Hase auf, ist der Hund weg. Zurück bleibt sein Mensch – allein. Er schimpft, er wird irre vor Sorgen, oder er steht einfach nur resigniert am Waldrand, meist rufend.

Keiner kommt.

Der Hund ist mal kurz weg. Die Natur ruft ihn. Er folgt dem Ruf, es geht nicht anders, es muss sein. Der sonst so treue, ergebene und gut erzogene Hund verschwendet in diesem Augenblick nicht einen klitzekleinen Gedanken an seinen Menschen. Ihm ist es ganz und gar gleichgültig, ob dieser schimpft – er hört das Schimpfen nicht. Ihm ist es vollkommen schnuppe, ob sein Mensch sich Sorgen macht – er kennt diese Sorgen nicht. Er weiß auch nicht, wie lang zwei, drei Stunden oder auch »nur« zwanzig Minuten für den sein können, der wartet – seine Uhr tickt anders. Sein Körper, seine Sinne, sein ganzes Wesen sind von Kopf bis Fuß auf jagen eingestellt – und sonst gar nichts!

Gibt es einen Unterschied zwischen einem jagenden Hund und einem Jagdhund? Oder jagen alle Hunde gleich?

Besinnen wir uns noch einmal auf den Anfang. Der Wolf wurde zum Hund und damit zum engen Begleiter des Menschen. Ging er zu diesem Zeitpunkt regelmäßig jagen wie ein Wolf? Wohl kaum. Schließlich ist er gerade deswegen zum Hund geworden, weil das der einfachere, bequemere und gefahrlosere Weg war, in und durch die Nähe des Menschen an Futter zu kommen. Er war also im eigentlichen, dem Überleben dienenden Sinne (Nahrungssuche) kein Jäger, sondern eher ein Sammler. Ein Müll- und Abfallsammler. Dieser Müll- und Abfallsammler besaß zwar noch jagdliche Rudimente, aber mehr auch nicht. Aus diesen Rudimenten sind später unsere Rassen entstanden. Es war der Gebrauchs- und Nutzgedanke, weswegen der Mensch einzelne Sequenzen des Jagdverhaltens bewusst herauszüchtete und so in den Vordergrund stellte.

Der Herdenschutzhund schützt, wie der Name schon sagt, die Herde, der Hütehund hütet, der Treibhund treibt. Unterschiedliche Anforderungen an den Nutzen des Tieres bedingen die jeweiligen Schwerpunkte der Zucht. Die bei der Jagd geforderten Eigenschaften des Aufstöberns und Anzeigens übernehmen Stöberhunde wie der Pointer; das Verfolgen der Blutfährte angeschossenen Wildes übernehmen Schweißhunde wie der Bayerische Gebirgsschweißhund; das zuverlässige Apportieren auf Land und aus dem Wasser übernehmen die Retriever, Pudel und Wasserhunde; die Hetzjagd in der Meute übernehmen die lauffreudigen Beagles und Foxhounds; die Verfolgung bis in den Bau übernehmen die furchtlosen Dachshunde und kernigen Terrier.

Kurzum: Jagdhunde oder jagende Hunde sind so, weil wir Menschen zu irgendeiner Zeit diese Erwartungen an die Hunde hatten und entsprechend selektierten. Hätten die Hunde diese Erwartungen nicht erfüllt, gäbe es heute keine, auf ganz bestimmte Aufgaben spezialisierte Jagdhunde. Die Hunde würden lediglich dann und wann mal einen Sprint einlegen, wären aber keine Jagdhunde, sprich keine eigens für die Jagd gezüchteten Hunde. Wir müssen uns also fragen, was für Hunde wir zu welchem Zweck züchten und welche Erwartungen wir an sie stellen.

Ein gutes Beispiel bietet der Weimaraner, der von seiner eigentlichen Bestimmung und Begabung, nämlich der eines hochkarätigen Jagdhundes, dank seiner sportlich ansprechenden Erscheinung, der edlen Fellfarbe, der hellen Augen binnen weniger Jahre zum Mode- und Postkartenhund mutierte und dessen Lebensumfeld von jetzt auf gleich nicht mehr ausschließlich die ländliche Umgebung, sondern immer öfter die dicht besiedelten Innenstädte sind.

Man kauft sich also einen Weimaranerwelpen und es dauert nicht lange, da wundert man sich. Der Hund verhält sich aggressiv gegenüber anderen Menschen und gegenüber Artgenossen, und wenn man ihn ableint und es bewegt sich was, ist er weg. Man wundert sich, obwohl doch in der Zuchtbeschreibung Mannschärfe als Zuchtziel vermerkt ist und er als begabter Vollblutjäger gepriesen wird. Das schöne Fell macht sich gut auf den rustikalen Terrakottafliesen der angesagten Taco-Bar mitten in der City, die Mannschärfe dagegen weniger. Ableinen hat man bereits aufgegeben, da die langen und einsamen Wartezeiten am Wegrand oder auf dem Parkplatz sich schlicht nicht mit dem anstrengenden Büroalltag in Einklang bringen ließen.

Armer Hund.

Unsere Erwartungen sind das eine – das genetische Erbe eines für eine bestimmte Aufgabe gezüchteten Hundes das andere. Für viele Jagdhunde oder Rassehunde mit Jagdpotenzial bedeutet das, dass sie ein geradezu schizophrenes Leben führen. Genauer gesagt: führen müssen. *Denn jagen, das ist ihr Wesen – sie sind Jäger.* Unsere Erwartungen aber an das Zusammenleben mit dem Hund, unser Alltag, unser Leben – sind häufig etwas ganz und gar anderes. Wir wollen das edle Fell, den schönen Körper, den stolzen Ausdruck – aber den Hund, der in diesem Fell lebt, den wollen wir nicht.

Es ist bereits im Zusammenhang mit sich aggressiv verhaltenden Hunden darauf hingewiesen worden, dass der von uns ausgesuchte Hund auch eine ganze Menge über uns selbst aussagt und eine Art Spiegel unserer selbst ist. Wie bin ich – oder auch: wie wäre ich gerne? Suche ich mir also einen sehr sportlichen Hund aus, dann verkörpere ich oft entweder mich selbst oder aber den Wunsch, wie ich gerne wäre.

Ein Windhund beispielsweise ist exotisch, etwas ganz Besonderes. Windhundbesitzer spiegeln nicht selten genau diesen Wunsch, sich von der Masse abzuheben und über einen besonders edlen Geschmack oder einen scharfen Intellekt gewissermaßen zu glänzen.

Windhunde werden also vielfach ihrer Schönheit wegen gekauft. Nicht selten sind die Halter vollkommen überrascht, wenn sie erleben, dass es sich bei diesen edlen, schönen, geradezu majestätisch ausgeglichenen Tieren um echte Jäger handelt. Auch wenn sie sich mit der Erziehung viel Mühe gegeben haben und die Hunde einen im Alltag – damit ist der Teil des Lebens gemeint, in dem Rehe und andere flüchtende Tiere nicht vorkommen – guten Gehorsam aufweisen, stoßen die Halter an Grenzen, die sie sich bisher gar nicht hatten vorstellen können. Plötzlich müssen sie einsehen, dass Erziehung zwar eine Rolle, eine sogar wesentliche Rolle spielt, dass aber auch eine gute Erziehung plötzlich bedeutungslos sein kann. Es ist die desillusionierende Erkenntnis, dass ein Baum ein Baum ist und dass man daran wenig ändern kann. Ein Hund ist ein Hund – und ein Jagdhund, so viel wissen Sie jetzt, ist ein Hund, der jagt.

Sieh an, er jagt! Und nun?

Warum sind viele Halter jagender Hunde immer wieder bereit, die Sorge um ihren entschwundenen Hund tagtäglich durchzustehen? Sind sie abgestumpft, ist ihnen ihr Hund gleichgültig?

Im Gegenteil, sie sind nervlich aufs Äußerste angespannt und fast immer den Tränen nahe. Manchmal sind es Tränen der Wut, meist aber Tränen der Sorge, der Lähmung, der Angst. Doch die Hoffnung stirbt bekanntlich zuletzt. Der Mensch hofft jeden Tag aufs Neue. Hoffentlich ist er heute anders. Eigentlich war er in letzter Zeit wirklich sehr gehorsam. Vielleicht hat er ja auch gestern etwas begriffen, als ich so traurig war, als ich so wütend war, als die Stimmung so komisch war.

Die Menschen beziehen das Verhalten ihres Hundes, also auch das Jagdverhalten, meist auf sich und sehen es als festen Bestandteil der Beziehung zwischen ihrem Hund und ihnen. Haut der Hund ab, wird dies als persönliche Niederlage empfunden. Wieder etwas, das man nicht in den Griff bekommt. Und mehr noch, es wird als deutliches Zeichen dafür gewertet, dass die Beziehung oder die Bindung zwischen Hund und Halter nicht eng oder zumindest nicht eng genug ist.

Anders als der sich aggressiv verhaltende Hund, geht es beim jagenden Hund aber gar nicht um die Beziehung. Jagen ist ein eigenständiger Funktionskreis und ist nicht, wie das aggressive Verhalten, Teil des Sozialverhaltens. Hunde jagen, weil es Teil ihrer Genetik ist – und eben gerade nicht, weil die Beziehung zu ihrem Menschen sich in Schieflage befindet. Der jagende Hund ist freigeschaltet und tut was er tut, ohne Rücksicht auf Verluste. Er macht, was er will – er macht also ganz eigene, vom Menschen unabhängige Dinge. So viel zum Thema Partnerschaft, das im Anschluss noch besprochen wird. Der jagende Hund kennt keine Partnerschaft. Denn ein Partner lässt einen nicht stundenlang in Angst und Schrecken am Waldrand stehen und vergnügt sich. Er nimmt Rücksicht auf die Gefühle seines Gegenübers. Erwähnt werden sollte allerdings, dass trotz des Gesagten eine gute Erziehung und ein guter Gehorsam die unbedingte Voraussetzung dafür sind, das Jagdverhalten des Hundes in einigermaßen verlässliche Bahnen zu lenken. Meist aber treffen hier zwei ungünstige Faktoren aufeinander: Einerseits ist der Hund bereits von seinen Anlagen her ein Jäger, andererseits zeigt er häufig noch andere Auffälligkeiten, die wiederum tatsächlich in der sozialen Beziehung verankert oder aber erzieherisch vernachlässigt wurden. Salopp gesagt: Kann ich meinen Hund beispielsweise noch nicht einmal zuverlässig von einer Scheibe Salami abhalten, kann ich die Sache mit dem Kaninchen knicken.

Was also kann man tun, um einen jagenden Hund oder gar einen Jagdhund vom Jagen abzuhalten? Um diese Frage sinnvoll zu beantworten, müsste man den Hund, den Halter und das Umfeld kennen. Mir geht es hier erst einmal darum, Grundsätzliches zu klären: Wer sind wir, wo stehen wir und was machen wir hier? Wenn wir das wissen und wir uns Klarheit über die Zusammenhänge verschafft haben, können wir über Lösungsansätze nachdenken – wenn man sie auch nie pauschal wird abhandeln können.

Doch gibt es einige Dinge, die man grundsätzlich tun kann beziehungsweise unterlassen sollte, um das Jagdverhalten nicht noch zu fördern. Unsere Hunde, ganz besonders unsere Jagdhunde, bringen bestimmte Talente mit. Bereits in den kleinen niedlichen Welpen, die noch so unbedarft auf wackeligen Beinen durch den Garten tapsen, schlummern diese Talente vom Tag eins ihres Lebens.

Die Verhaltenskette des Jagens ist in sogenannte Sequenzen unterteilt: Appetenz – Orten – Fixieren – Anpirschen – Hetzen – Packen – Töten

Appetenz	Ich schau mal, ob's was gibt.
Orten	Da muss sie sein, die Maus!
Fixieren	Ich schau dir in die Augen, Kleines!
Anpirschen	Leise! Gleich hab' ich dich!
Hetzen	Noch bist du vor mir, aber nicht mehr lange!
Packen	Ich hab dich!
Töten	Es ist serviert.

Die einzelnen Rassen zeigen manche dieser Sequenzen hypertrophiert, also herausgezüchtet und überbetont, während andere wenig oder auch gar nicht gezeigt werden. Ein Border Collie beispielsweise ist Spezialist im Fixieren, ein Heeler im Hetzen und Packen, ein Retriever im Orten und Packen. Ein Wolf oder Wildcanide dagegen zeigt keinerlei Spezialisierung, bei ihm treten diese Sequenzen in gleicher Gewichtung auf. Bei einem Pointer aber, der lediglich Wild anzeigen, es aber nicht hetzen soll, wäre genau das hinderlich. Unsere folgenden Beispielhunde sind ein kleiner Terrier, ein Border Collie und ein Windhund.

Bei dem kleinen Terrier sind in der Jagdsequenz das Packen und unter Umständen auch das Töten seine Talente. Talente wiederum sind Verhaltensweisen, die man über Generationen hinweg ganz bewusst in den Vordergrund gezüchtet hat. Entsprechend kernig, unerschrocken und draufgängerisch stellen sich die meisten Terrier dann auch Gegnern, die zunächst einmal viel zu groß für sie scheinen. Wenn man mit diesem Terrier nun bereits als Welpe ständig tobt, Zerrspiele macht und ihn auch sonst in seiner häufig ungestümen Herangehensweise an andere Menschen und andere Hunde nicht begrenzt, wird er aller Voraussicht nach später ein ebenso freigeschaltetes Aggressionsverhalten an den Tag legen – denn genau das hat er gelernt! Ein Terrier muss also bereits als Welpe und Junghund lernen, sich zurückzunehmen. Er darf nicht immer toben und schon gar nicht darf er beißen oder sich ständig mit anderen Hunden prügeln – denn das, das kann er schon, das muss ihm keiner beibringen.

Nehmen wir einen Hetzjäger, den Windhund. Er jagt meist auf Sicht, reagiert bereits auf kleinste Bewegungsreize und das sogar auf eine beachtliche Entfernung. Seine Begabungen sind also das Hetzen und das Laufen. Schon früh kann man beobachten, dass junge Windhunde in einer gemischten Hundegruppe andere Hunde immer wieder dazu auffordern, genau das mit ihnen zu »spielen«, was sie selbst besonders gern tun und besonders gut können: um die Wette laufen und überhaupt laufen, laufen, laufen. Windhundbesitzer sagen nicht ohne Stolz, ihr Hund brauche eben einen großen Radius und erlauben ihm im Sinne einer artgerechten Erziehung von Welpenbeinen an, diesen Radius ständig zu erweitern. Er darf also rennen, und er darf immer weiter wegrennen. Wenig später ist der Windhund nur noch ein kleiner Punkt am Horizont. Zurück bleibt sein Halter – und natürlich die Hoffnung. Gerade ein Windhund aber, der in der Tat einen großen Radius schätzt, muss lernen, auch mal auf dem Fleck sitzen zu bleiben und nicht zu rennen.

Der Border Collie schließlich ist Meister im Fixieren. Mit seinem Blick fixiert und »drückt« der arbeitende, also ausgebildete Border Collie die Schafe in eine bestimmte Richtung. Der in einer Familie lebende Border Collie bringt meist ebenfalls das Talent des Fixierens von allem, was sich bewegt, schon mal mit. Wird nun immer wieder ein Ball für ihn geworfen, sprich ein Bewegungsreiz für ihn ausgelöst, fördert man sein ohnehin bereits ausgeprägtes Talent weiter. Leider häufig so sehr, dass er schon bald gar nichts anderes mehr tun kann. Denn in einer Phase seiner Entwicklung, in der eigentlich etwas ganz anderes auf dem »Lehrplan« steht, nämlich soziales Verhalten innerhalb einer Gruppe, lernt der kleine Kerl stattdessen zu jagen, also Jagdverhalten. Der kleine Border Collie – und mit ihm manch andere Rasse, die stark auf Bewegungsreize fixiert ist – muss also schon früh lernen, diese Reize auszuhalten und darüber hinaus die unterschiedlichen Reize genau zu differenzieren. Dabei muss man ihm helfen! Ein Ball oder ein Frisbee® läuft bei den meisten Hundehaltern unter dem Oberbegriff »sinnvolle Beschäftigung« oder »artgerechte Auslastung« – der Reifen eines fahrenden Autos aber nicht. Nur: Was hat der Hund denn gelernt? Ausschließlich dem Frisbee® hinterherzulaufen? Oder hat er nicht vielmehr gelernt: Hier bewegt sich was, nichts wie drauf?

Das Problem der gezielten Talentförderung besteht in der Kanalisierung einer einzelnen, ganz bestimmten Begabung. Dieses außergewöhnliche Potenzial läuft fortan nur noch auf einer Bahn ab, die durch die häufige Wiederholung zwar gefestigt, aber eben immer nur eingleisig bleibt. Solch ein Hund kann eines besonders gut, dafür fehlt ihm aber der Rest der Welt. Diese Vernetzung bestimmter Reizempfindungen im Gehirn fängt bereits im Welpenalter an.

Es stellt sich sodann die Frage, ob man sich für eine Einbahnstraße entscheidet, die zwar schön breit angelegt, aber eben nur in einer Richtung befahrbar ist. Oder ob man in dieser sensiblen Zeit ein gut vernetztes Straßensystem anlegt, mit dessen Hilfe der Hund sich jeden Ort anschauen kann und eben nicht nur dieses eine, seinem Talent entsprechende Ziel aufsuchen muss.

Talentförderung bei Hunden ist eine tückische Sache. Die Geister, die ich rief – mit denen muss ich, vor allen Dingen aber der Hund, später leben.

Aber, werden manche einwenden, ist das denn wirklich nicht artgerecht? Flyball oder Agility mit einem Hütehund – das lastet den unruhigen Hibbel doch aus und macht zusätzlich allen Beteiligten so richtig Spaß. Das ist sicherlich von Fall zu Fall zu beurteilen, nur sollte man sich immer die Frage stellen und ganz genau beobachten, was dabei wirklich abläuft. Schafft man wirklich einen Ausgleich – oder nutzt man nicht nur jemanden, der sich gut manipulieren lässt? Verwechselt man nicht im erwartungsvollen Hundeblick die Freude auf ein gemeinsames Tun mit dem, was es nur allzu häufig ist, nämlich die Suche nach dem Kick oder genauer, der Gier nach mehr und immer wieder noch mehr. Verwechselt man hier nicht Vorfreude mit Sucht?

Wie so häufig, fängt es ganz harmlos an. Man hat einen kleinen Welpen. Aufgrund seines besonderen Talents in dieser Hinsicht bemühen wir nochmals das Beispiel des Border Collies. Ich stehe also mit meinem kleinen Welpen auf der Hundewiese und beobachte, was andere Leute mit ihren Hunden so anstellen. Bis auf wenige Ausnahmen werfen sie Bälle und Stöckchen. Hund-Ball-Stöckchen sind drei Dinge, die für viele eine Art untrennbare Einheit bilden. Die Frage des »Warum eigentlich immer nur Stöckchen« wird gar nicht mehr gestellt. Nun beobachte ich, wie die anderen Hunde wie von Sinnen hinter den Bällen und hinter den Stöckchen her sind. Es scheint ihnen einen Riesenspaß zu machen. In vielen Fällen ist es auch genau das: ein Riesenspaß.

Bei einigen Rassen jedoch oder bei einzelnen Hochkarätern ist es leider kein Spaß. Das Problem dabei ist, dass es oberflächlich betrachtet genauso aussieht. Doch hier handelt es sich mitnichten um Freude, sondern um einen auf den Hormonausstoß reduzierten Hund, der nicht mehr über sich selbst bestimmen und den man nur noch als Opfer bezeichnen kann. Als Drogenopfer.

Denn auch ein Junkie empfindet so etwas wie »Spaß« oder »Freude«, wenn sein Dealer endlich an der Haustür klingelt. Es sieht aus wie Glück – doch es ist Gier. Man kennt die Bilder aus dem Hundesport, bei denen Deutsche Schäferhunde wie von Sinnen fiepen, bellen oder schreien, weil sie ihren Einsatz nicht abwarten können. Man kennt dasselbe Bild auch von Hütehunden, die vor lauter Verzweiflung, den das Glück auslösenden Reiz nicht mehr zu bekommen, stundenlang bellend einfach nur noch sinn- und ziellos in die Luft schnappen.

Der starre Blick, die stereotypen Bewegungen und Lautäußerungen und die Unfähigkeit, aus diesem Teufelkreis ohne fremde Hilfe wieder herauszukommen, sind kein Glück.

Nicht alle Hunde und Hunderassen sind gleichermaßen anfällig für Bewegungsreize. Nicht alle Hunde werden durch einen immer wieder geworfenen Ball zum Junkie. Man muss seinen Hund gut beobachten und differenzieren, ob ein solches »Spiel« für eben diesen individuellen Hund sinnvoll ist oder nicht. Zur Definition des Spiels gehört der Rollentausch und dass alle Beteiligten es jederzeit abbrechen können. Kann der Mensch das Spiel ohne Weiteres beenden, während der Hund wieder anderen, seiner Art gemäßen Beschäftigungen wie beispielsweise dem Schnüffeln nachgeht, handelt es sich tatsächlich um Spiel und um Spaß. Ist das nicht der Fall, sondern fordert der Hund fiepend oder bellend sein »Glück«, sollte man hellhörig werden.

Das übermäßige Ballspiel hat aber im Hinblick auf das Jagdverhalten noch einen weiteren, ganz entscheidenden Nachteil. Jagen ist, wie bereits erwähnt, durch den dabei ausgelösten Hormonausstoß ein selbstbelohnendes Verhalten. Wir kennen das auch von Joggern oder Marathonläufern, die von dem durch ausgeschüttete Endorphine ausgelösten »High« schwärmen. Der Kick setzt früh und absolut zuverlässig ein und versetzt auch den Hund in eine Art Rauschzustand. Wenn ich nun bereits als Welpe lerne, wie ich mir diesen Kick verschaffe, weil mir immer wieder Bewegungsreize geboten werden, trainiere ich meine jagdlichen Fähigkeiten zu einem viel zu frühen Zeitpunkt. Dann kann ich zwar so richtig gut jagen – aber habe ich auch gelernt, ohne mich ständig zu prügeln, mit anderen Hunden umzugehen? Bin ich ein fantasievoller Spielkamerad? Kann ich auch die feineren mimischen Ausdrücke meines Gegenübers richtig deuten? Kann ich mit anderen Hunden gemeinsam ruhen? Raste ich nicht unverhältnismäßig heftig aus, nur weil ein anderer Hund an meiner Futterschüssel schnuppert? Habe ich gelernt, mit sehr viel kleineren Hunden nicht grob zu sein? Kann ich mich in Bedrängnis angemessen verteidigen? Vertrage ich mich gut mit Kindern? Stehle ich ihnen im Vorbeigehen auf der Straße nicht das Eis aus der Hand? Und gebe ihnen, distanzlos und unerzogen, auch mal ein oder zwei Küsschen mitten ins Gesicht?

Das sind die Dinge, die in dieser sensiblen Phase als junger Hund statt Stöckchen hinterherzujagen gelernt werden müssen! Nur wenn ich diese sozialen Fähigkeiten beherrsche, sie also im täglichen Zusammensein mit Artgenossen und dem Sozialpartner Mensch gelernt habe, kann ich als Hund souverän, sprich ausgeglichen sein. Und nur so bin ich überhaupt anderen zugänglich und selbst empfänglich für deren Wünsche, Aufforderungen und Signale. Einem Junkie bedeutet »Du darfst nicht!« wenig – einem Hund mit vielfach ausgeprägten sozialen Fähigkeiten dagegen, der gelernt hat, sich selbst sinnvoll zu seiner Umwelt und zu anderen in Beziehung zu setzen, ist es eine klare und verständliche Ansage.

ICH BIN GAR NICHT ERST DA – DER SICH ÄNGSTLICH VERHALTENDE HUND

Hundeschulen und Hundetrainer verzeichnen einen deutlichen Zuwachs an ängstlichen Hunden, deren besorgte Halter um Beratung und Training nachsuchen. Wie ist das zu erklären? Liegt es an der Zunahme der südländischen Straßenhunde, die hier in einer neuen und ganz und gar ungewohnten Umgebung nur schlecht mit zuvor nie gekannten Reizen klarkommen müssen? Diese Hunde sind in der Tat häufig in den Hundeschulen anzutreffen, erklären das Phänomen jedoch nur zu einem Bruchteil.

Die Annahme, dass Halter ihre Hunde nach symmetrischen Kriterien auswählen, den Hund also als eine Art Spiegel oder Widerhall ihrer selbst empfinden, wird auch von der aktuellen Hirnforschung zum Thema Spiegelneuronen bestätigt. Es lässt sich folglich die Hypothese aufstellen, dass es unter anderem deswegen mehr ängstliche Hunde gibt, weil es spiegelbildlich gesehen auch mehr ängstliche Menschen gibt. Depressionen und folglich Ängste, das Gefühl der Verlassenheit, der Ohnmacht und des Ausgeliefertseins, tauchen auch in der menschlichen Therapie mit wachsender Tendenz auf.

Die Zuchtpraktiken, bei der fast ausschließlich auf Äußerlichkeiten und nicht auf das Wesen des Hundes selektiert wird, könnten einen weiteren Erklärungsfaktor liefern.

Der Hund ist also der Spiegel des Menschen – und somit auch der Spiegel unserer Gesellschaft. Der Hund hat den heutigen Stellenwert innerhalb unserer Gemeinschaft nur und ausschließlich deshalb einnehmen können, weil er sich in der Vergangenheit ganz außergewöhnlich gut an uns Menschen anpassen konnte und dies bis zum heutigen Tage auch weiterhin tut. *Er hat gar keine andere Wahl, als sich anzupassen – denn genau das definiert sein Wesen als Hund.* Ist der Hund also vermehrt ängstlich und unsicher, kann man davon ausgehen, dass es umgekehrt auch immer mehr ängstliche und unsichere Menschen gibt.

Verallgemeinernd gesprochen kommt hinzu, dass ein ängstlicher Hund eher Mitleid und das Bedürfnis, ihn zu beschützen auslöst, als dies beispielsweise bei einem sich aggressiv verhaltenden Hund der Fall wäre. Ängstliche Hunde nehmen wir unter unsere Fittiche – aggressive Hunde dagegen führen zum Ausschluss aus der Gesellschaft. Wer von beiden tatsächlich bemitleidenswerter ist, sei dahingestellt.

Was aber ist Angst? Wie äußert sie sich? Worin unterscheidet sie sich von Unsicherheit? Was genau versteht man unter demütigem Verhalten bei Hunden? Wenn ein Hund sich auf den Rücken wirft und uriniert oder wenn er in geduckter Haltung auf einen Menschen oder einen anderen Hund zukraucht – macht er das, weil er Angst hat?

Die Begrifflichkeiten werden häufig durcheinandergewirbelt, miteinander verwechselt, oder sind schlicht nicht deutlich definiert und voneinander abgegrenzt.

Die sowohl von Haltern als auch von so manchem Hundetrainer am häufigsten verwechselten Begrifflichkeiten sind die der Angst und die der Unsicherheit. Salopp formuliert ist das Grundgefühl bei Angst eindeutig: »Nichts wie weg hier!« Bei Unsicherheit dagegen herrscht eine eher ambivalente Gefühlslage, ähnlich wie in dem Song von The Clash: »Should I stay or should I go.«

Angst, die übrigens im Verhältnis zu unsicherem Verhalten nur sehr selten vorkommt, äußert sich zunächst einmal körperlich: Herzklopfen, Atemnot, Pupillenerweiterung, Zittern, Zucken, Hecheln, Speicheln, Übelkeit und Konzentrationsstörungen. Erbrechen und die Darmentleerung dienen dazu, allen überflüssigen Ballast in dieser bedrohlichen Situation abzuwerfen, um erfolgreicher die Flucht ergreifen zu können. Ein Hund, der Angst hat, nimmt keinerlei Nahrung mehr auf (auch keine Leckerlis!) und zeigt keinerlei Interesse am anderen Geschlecht, würde sich also auch bei unmittelbarer Gelegenheit hierzu nicht reproduzieren. Angst heißt auch immer, vorausgesetzt es besteht die Möglichkeit dazu, Flucht. Wenn ich Angst vor etwas habe, dann vergrößere ich den Abstand zwischen mir und dem diese Angst auslösenden Menschen, Hund oder Gegenstand. Nie und nimmer komme ich in diesem Zustand freiwillig auf jemanden zu. Das ist eigentlich ganz und gar logisch und ist bei uns Menschen kein bisschen anders. Habe ich Angst, weiche ich zurück und versuche mich zu verdrücken.

Ängste, bei denen Hunde diese körperlichen Reaktionen zeigen, sind beispielsweise Phobien beziehungsweise die zwanghafte Vermeidung von bestimmten Gegenständen, Geräuschen, Örtlichkeiten, Menschen oder Situationen. Echte Ängste gehören in der Tat in die Hände eines erfahrenen Verhaltenstherapeuten, da das Problem nicht primär in der Er- und Beziehung des Hundes begründet ist. Warnen möchte ich in diesem Zusammenhang vor der in solchen Fällen immer häufiger praktizierten medikamentösen Therapie (Psychopharmaka), die von manchen Tierärzten und Verhaltenstherapeuten als das Mittel der Wahl propagiert wird. In aller Regel kann dem betreffenden Hund so nicht geholfen werden. Eine stringent aufgebaute verhaltenstherapeutische Desensibilisierung dagegen ist hier vielversprechend, da beim Hund so eine Neubewertung des als lebensbedrohlich eingeschätzten Gegenstands oder einer ebenso empfundenen Situation stattfinden kann.

Wie kommt es also zur Entwicklung einer Angst, einer Angststörung? Warum hat ein Hund plötzlich panische Angst vor einem Toaster? Hat der Toaster ihn etwa geschlagen? »Der ist früher mal geschlagen worden und deswegen hat er jetzt Angst«, ist eine fast schon stereotyp geäußerte Erklärung besonders von jenen Haltern, die einen Hund aus dem Tierschutz oder aber aus zweiter oder dritter Hand haben. Dabei weiß man, dass die meisten Hunde, die in ihrem späteren Leben beißen, sich eher unbegrenzt und unkorrigiert entwickelt haben und eben nicht misshandelt oder geschlagen wurden. Auch die meisten aus Spanien, Griechenland und anderen südlichen Ländern kommenden Hunde sind nicht geschlagen worden.

Zwar ist der Umgang mit Hunden dort ein anderer und entspricht häufig nicht unseren Vorstellungen einer liebevollen und zugewandten Beziehung, aber das ist auch schon alles. Hunde dagegen, die bereits als junge Hunde einen eher ängstlichen Diskurs mit ihrer Umwelt führten, beißen später in der Regel nicht!

Nicht Schläge und Misshandlung führen also zu Ängsten, vielmehr gründen diese fast immer auf Deprivationserfahrungen, also auf einen Erfahrungsentzug im Welpenalter. Wenn ein kleiner Hund nicht das erleben darf, was er in dieser Phase eigentlich erleben müsste (die Auseinandersetzung mit seinen Wurfgeschwistern, das neugierige Erkunden seiner Umwelt, den engen Kontakt zu Menschen), wird er später Ängste entwickeln. Er ist aufgrund mangelnder Erfahrungen seiner Umwelt buchstäblich nicht gewachsen, da ihm das Erlernen eines adäquaten Umgangs mit dieser verwehrt blieb.

Zu unterscheiden sind die durch Erfahrungsentzug entstandenen Ängste von Traumata. Letzteren kann man mit dem Angebot neuer und anderer Erfahrungen begegnen. Hierzu müssen aber zumindest Ansätze positiv empfundener Erfahrungen in der Welpenzeit vorhanden sein, auf die man zurückgreifen und die der Hund dann generalisieren, also auf seine Umwelt als Ganzes übertragen kann. Fehlen diese positiven Erfahrungen, so hat man nichts, auf das man sich beziehen und was der Hund generalisieren könnte.

Im Gegensatz zu echten Ängsten ist Unsicherheit kein Fall für den Verhaltenstherapeuten. *Unsichere Hunde brauchen sichere Menschen.* Sie brauchen den sprichwörtlichen »Fels in der Brandung«, sie brauchen jemanden, auf den sie sich verlassen können, weil sie sich eben gerade nicht auf sich selbst verlassen können. *Ihnen wird durch souverän gesetzte, faire und klare Rahmenbedingungen geholfen.* Kann der Mensch dies leisten, wird er merken, dass der unsichere Hund sich über ein solches Management »versichert« fühlt und sich also am Menschen orientiert.

Wie wir schon gesehen haben, sind es also eher selbst ängstliche Menschen, die sich für einen ängstlichen Hund entscheiden. Sie haben bereits an sich selbst erfahren, wie schlimm das Gefühl der Angst, des Nichtgewachsenseins, des Ausgeliefertseins ist. Und sie wollen helfen.

Dass sie helfen wollen, ist sehr anerkennenswert. Einer gequälten Kreatur gegenüber Mitgefühl zu entwickeln und sich in seine missliche Lage wirklich hineinversetzen zu können ist unbedingte Voraussetzung dafür, überhaupt helfen zu können, und ist in keiner Weise zu kritisieren. Ganz im Gegenteil. Nur muss man sich dabei selbstkritisch die Frage stellen, ob die gut gemeinte Hilfe auch wirklich eine Hilfe ist. Zunächst einmal holt man den Hund irgendwo, wo es ihm unserer Meinung nach nicht gut geht, heraus. Das ist Schritt eins. Tierheime, Tötungsstationen, Qualzüchter oder Hunde, die aufgrund von Missbrauch und Tierquälerei in Polizeigewahrsam genommen wurden … die Liste ist lang. Sie lässt sich erweitern durch Hunde, die in Südeuropa oder der Türkei in losen Gruppen auf der Straße leben und sich von Müll und Resten ernähren. Auch ihnen wird geholfen.

Wird ihnen geholfen? Wenn es hier dann schlecht mit den Streunern klappt, die Hunde jagen, sich ängstlich verhalten und Menschen gegenüber einfach nicht so recht zutraulich werden wollen, dann heißt es oft, die Hunde seien eben »schlecht sozialisiert«. Sie sind aber keineswegs schlecht sozialisiert, sprich vergesellschaftet. Ganz im Gegenteil, sie sind ausgezeichnet vergesellschaftet, nur nicht für unsere Gesellschaft. Sie haben sich der Umgebung, in der sie aufgewachsen sind, sogar bemerkenswert gut angepasst und dort überlebt. Überleben wiederum heißt, dass sie so viel Nahrung erjagen oder sammeln konnten, dass sie sich nicht nur ernähren, sondern auch reproduzieren konnten. Das alles sind Leistungen, die sie in ihren Ursprungsländern ganz selbstverständlich erbracht haben, die ihnen bei uns aber noch nicht einmal im Ansatz abverlangt werden. Wirklich schlecht sozialisiert?

Zurück zu dem Wunsch, einem sich ängstlich verhaltenden Hund helfen zu wollen. Man hat also einen unter Ängsten leidenden Hund und möchte ihm ein wenig dieses Leidensdrucks nehmen, ihn fröhlich stimmen, ihm zeigen, wie schön so ein Hundeleben im engen Verbund mit seinem Menschen sein kann. Man ist ein freundlicher, weicher Mensch, dem das Leid anderer – ob nun von Hunden oder Menschen – nahegeht. Schon bald aber erreicht man Grenzen – und zwar die eigenen Grenzen. Denn um einen solchen Hund zu halten und um ihm helfen zu können, muss man psychisch in der Lage sein, sein Leiden zu ertragen. Das geht häufig weit über das hinaus, was man sich ursprünglich bei der Aufnahme des Hundes hat vorstellen können. Die Vorstellung ist häufig die: Wenn ich nur genügend Liebe gebe und viel Geduld aufbringe, lösen sich die Ängste meines Hundes in Wohlgefallen auf. Schwierig wird es, wenn genau das nicht eintritt oder noch schlimmer, sich die Ängste, statt wie erhofft und erwartet zu verringern, nun auch noch verschlimmern. Die Menschen müssen sich hier kritisch selbst die Frage stellen, ob sie mit einem solchen Hund auch auf lange Zeit leben können. Nicht nur ein paar Wochen, sondern unter Umständen auch ein ganzes Hundeleben lang. Nicht selten landen diese Hunde früher oder später im Tierheim oder doch beim Tierarzt, weil es einfach nicht mehr anders geht. Die Menschen fühlen sich überfordert, haben ihre Grenzen erreicht oder bereits überschritten und wissen nicht mehr ein noch aus.

Wer helfen will, darf sich nicht zu einem Teil des Problems machen. Wer also selber mit Ängsten nicht gut zurechtkommt, wird es schwer haben, einem ebenfalls unter Ängsten leidenden Hund zu helfen. Will ich einem ängstlichen Hund helfen, muss ich ihm Sicherheit und Orientierung bieten können. Genau das aber fällt vielen ängstlichen Menschen schwer.

Zusätzlich kommt es auch auf die Rahmenbedingungen an: Wo lebe ich, welchen Reizen ist der Hund ausgesetzt, werde ich mit den Ängsten des Hundes auch in meinem Leben und meinem Alltag fertig? Grundsätzliche Gegebenheiten, beispielsweise ob ich auf dem Land oder in der Stadt lebe, können bereits ausschlaggebend sein. Wie oft ist der Hund einer bestimmten, für ihn mit Ängsten belegten Reizsituation ausgesetzt? Jeden Tag mehrmals (Großstadt) oder nur gelegentlich bis gar nicht (Land)? Im Einzelfall muss man sich dann auch eingestehen, dass beispielsweise für die aus südlichen Ländern stammenden Hunde eine Welt, in der sie sich mit ihren Ängsten auskennen, auch die bessere Welt sein kann.

GESETZE EINER FREUNDSCHAFT

GRENZEN UND FREIHEIT – ERZIEHUNGSFEHLER UND ERZIEHUNGSFALLEN

Falle Nr. 1: Partnerschaftlichkeit

Hunde spielen heutzutage eher Haupt- als Nebenrollen im Leben ihrer Menschen. Während sie früher eine meist fest umrissene Aufgabe hatten und sich nach der Arbeit auch mal ausruhen durften, sind sie heute rund um die Uhr im Einsatz. So angenehm und komfortabel das Leben des modernen Haushundes auch erscheinen mag, sind dennoch nicht wenige unter ihnen überfordert mit der gewaltigen Aufgabe, die sie heute bewältigen müssen: der Aufgabe, dem Menschen nicht nur Freund, sondern Partner zu sein.

Partner – ein schönes Wort. Gleichberechtigung, Mitsprache, Entscheidungsbefugnis. Dennoch stellt der Begriff Partner oder Sozialpartner für den Hund nicht unbedingt einen Vorteil dar. Bin ich ein gleichberechtigter Partner, kann ich nicht nur selbst Entscheidungen treffen, sondern kann und darf mich darüber hinaus auch den Entscheidungen meines Partners widersetzen. Ich kann argumentieren oder ganz einfach sagen: Nein, das will ich nicht. Um eine Partnerschaft aber sinnvoll zu gestalten, bedarf es auf beiden Seiten der Fähigkeit, Sachverhalte einzusehen und Meinungen oder Entscheidungen zu überdenken. Wenn beide Partner genau dies tun, kommt es zu einem Annäherungs- und Anpassungsprozess, der beiden gerecht wird. Kleine Kinder und Hunde aber besitzen genau diese Fähigkeiten (im Falle von kleinen Kindern: noch) nicht. Kinder und Hunde leben rein lustbetont und aus dem Moment heraus und können die zukünftigen Folgen ihres Verhaltens nicht abschätzen. Es ist also nicht nur zwecklos, mit einem kleinen Kind die Notwendigkeit des Anschnallens während des Autofahrens zu diskutieren – es ist schlicht unsinnig. Ein solch zwar wohlmeinender, aber falsch verstandener Ansatz demokratischen Verhaltens stellt für kleine Kinder und Hunde eine Überforderung dar und artet genau deswegen für beide Seiten in Stress aus.

> Nehme ich aber meinen Hund als Hund wahr und gebe ihm innerhalb eines stabilen, begrenzenden Rahmens seiner Art entsprechende Freiheiten, vermittle ich Sicherheit und Verlässlichkeit – die unabdingbaren Voraussetzungen einer engen Bindung.

Grenzen und Freiheit – diese beiden auf den ersten Blick gegensätzlichen Begriffe bilden eine Einheit, eine sehr harmonische sogar. Es ist wohl jedem einleuchtend, dass ein gut erzogener, an seine belebte und unbelebte Umwelt angepasster Hund überall gerne gesehen ist. Es ist dieser Hund, der gerade aufgrund der ihm gesetzten klaren Grenzen Freiheiten genießt, die anderen, unbegrenzten Hunden entweder aus Rücksicht auf die Umwelt oder aber, um den Hund selbst vor Gefahren zu bewahren, nicht gewährt werden können. Klare Grenzen haben demnach Freiheiten zur Folge. Keine Grenzen dagegen ziehen unweigerlich zahllose, zum Teil tierschutzrelevante Einschränkungen nach sich.

Falle Nr. 2: Ungenaue oder falsche Erwartungen an die ausgesuchte Rasse

Die Rasse entspricht zwar äußerlich exakt dem Wunschbild des Halters, der einzelne Hund zeigt aber zahlreiche Verhaltensmerkmale, mit denen der Halter nicht klarkommt. Sei es, dass sich ein Bewegungsmuffel einen Windhund als Begleiter ausgesucht hat, dass der als Welpe so niedliche Rottweiler nun doch ein gewisses Potenzial als Wachhund zeigt, dass der kleine Dorfspitz in der Großstadtwohnung ausdauernd kläfft, oder dass der für seinen legendären Gehorsam bekannte Border Collie sich mit dem ereignislosen Leben als Bürohund partout nicht abfinden will und durchdreht.

Viele Hunde sind konfliktfähig und folglich durchsetzungsfähig – was man nicht unbedingt von der Mehrzahl der Hundehalter sagen kann. Wenn ich als Halter jedoch Konflikten eher aus dem Weg gehe, ist ein solcher Hund für mich nicht nur eine nicht ganz optimale Passung, sondern er ist ohne jedes Wenn und Aber für mich nicht geeignet. Das sollte man sich als Halter auch eingestehen können – wenn irgend möglich, bevor man sich in das äußere Erscheinungsbild des zukünftigen Mitbewohners verliebt hat. Meine erzieherischen Fähigkeiten sollten nicht unter dem Niveau der Fähigkeiten meines Hundes liegen – sonst sind die Schwierigkeiten bereits vorprogrammiert.

Hinzu kommen die emotionalen Erwartungen, die ich an meinen Hund habe. Möchte ich einen Hund, der mich ständig fragt, was er für mich tun kann, muss ich eine andere Rasse wählen, als wenn ich Hunde mag, die sich um ihre Halter nicht groß kümmern und in sich ruhend das Leben genießen. Beides sind tolle Hunde! Aber man muss sie mögen! Will man aber nicht eine für beide Seiten unglückliche Entscheidung fällen, muss man sich die Frage nach den eigenen Vorlieben und Bedürfnissen klar und ehrlich beantworten.

Falle Nr. 3: Das Verwechseln von formalen mit sozialen Erziehungsinhalten

Unklare Vorstellungen davon, was Erziehung eigentlich ist, führen nicht selten in die Sackgasse. Was möchte ich erreichen: dass der Hund prima vorsitzt und gleich anschließend die Rolle rückwärts vollführt – oder soll er vorbeilaufende Jogger nicht beißen und kleinen Kindern nicht das Eis aus der Hand stehlen? Selbstverständlich gibt es auch die Möglichkeit, formales und soziales Lernen miteinander zu verbinden. Nur darf man nicht der Illusion erliegen zu

glauben, wenn der Hund prima Platz macht, sei er auch gut erzogen. Es stellt sich immer die Frage, warum der Hund Platz macht. Ist es der Hauch von Würstchenduft, der in dem Hund bestimmte Erwartungen weckt oder hat er tatsächlich gelernt, sich an seinem Halter zu orientieren und macht Platz, weil ihm sein Mensch sagt, dass er es tun soll?

Falle Nr. 4: Missglückte Harmonievorstellungen

Erziehung ist anstrengend, aufreibend und macht nicht immer nur Spaß. Lernen ist nicht immer nur lustig – auch wenn sich diese Vorstellung über die letzten Jahrzehnte fest in unser Bewusstsein eingegraben hat. Rückfälle, auch Enttäuschungen gehören dazu. Wer sich von solchen Rückschlägen aber persönlich gekränkt fühlt, sollte die Hände von Erziehung lassen. Wer Erziehung verwechselt mit dem Wunsch, ständig geliebt zu werden, verkennt sowohl Inhalt als auch das Ziel von Erziehung. Wer immer nur lieb sein möchte und jede Auseinandersetzung als persönliche Bedrohung und folglich Verunsicherung erlebt, wird in Konfliktsituationen nicht ernst genommen. Ganz im Gegenteil.

Die Auseinandersetzung und soziale Reibung mit dem zu Erziehenden ist fester Bestandteil nicht nur von ***Er***ziehung, sondern auch Grundlage jeder ***Be***ziehung – auch und gerade einer harmonischen. Liebe und Vertrauen entstehen gerade durch die Summe der souverän – nicht despotisch! – gelösten Konflikte. Mein Gegenüber, das mich liebt und mir vertraut, muss sich auf mich verlassen können – auch und gerade im Konfliktfall! Ich muss einschätzbar sein und mich ihm gegenüber abgegrenzt verhalten – kurzum, ich muss meine eigene Persönlichkeit mit in die Waagschale werfen und nicht aus einem missverstandenen Harmoniebedürfnis heraus versuchen, mit meinem Gegenüber zu verschmelzen.

Falle Nr. 5: Glaubwürdigkeit und Persönlichkeit
Ein schwieriges Thema, weil viele Hundehalter das Stichwort »klare Regeln« dahingehend missverstehen, dass damit rein formale Vorgaben gemeint seien, die es durchzusetzen gelte. Mitnichten! Sich um jeden Preis durchzusetzen und ständig »konsequent« sein zu wollen, ist mit klaren Regeln nicht gemeint.

> Denn klare Regeln sind nicht gleichbedeutend mit starren Regeln.

Es müssen auch nicht jeden Tag die immergleichen »geregelten« Abläufe sein. Ein Beispiel: Ihr Hund hat gelernt, sogar noch dampfende, verführerisch duftende Hamburger auf der Straße liegen zu lassen, weil Sie es ihm verboten haben. Nun würde man annehmen, es sei gänzlich inkonsequent, den Hund auch mal einen Burger fressen zu lassen. Wie soll er denn dann in Zukunft wissen, ob er Burger von der Straße fressen darf oder nicht? Ja wie wohl – er muss SIE fragen! Laufen diese »Inkonsequenzen« über Sie, sind Sie es also, der bestimmt, ob Ihr Hund etwas fressen darf oder nicht, dann können Sie einfach so, aus einer Laune heraus oder weil Sie gerade so fröhlich gestimmt sind, Ihrem Hund den Burger gönnen. Sie geben, scheinbar inkonsequenterweise, den Burger frei. SIE sind dabei das Referenzsystem Ihres Hundes, nicht der Duft des Burgers. SIE sind die Konstante in dieser Beziehung und nicht starre Vorgaben, die immergleich wiederholt werden, damit sie endlich »sitzen«.

> Zum Chef wird man nicht, indem man klare Regeln aufstellt. Vielmehr ist es genau umgekehrt, weil man Chef ist, kann man klare Regeln aufstellen.

Für diese Dinge haben Hunde, deren Gesellschaft wie die der Menschen hierarchisch aufgebaut ist, ein überaus feines Gespür. Sie merken, wenn ihnen jemand nur scheinbar souverän versucht, Grenzen zu setzen. Sie riechen den Braten, wenn er nicht echt ist, wenn es sich dabei um eine aufgesetzte, quasi gespielte Autorität handelt.

Wie aber vermittle ich eine Souveränität, die dem Hund – und anderen Menschen – glaubwürdig erscheint? Indem ich mich meinem Hund und meiner Umwelt gegenüber abgegrenzt verhalte. Damit ist gemeint, dass ich aus einer inneren Gelassenheit heraus handle und nicht, um jemandem zu gefallen und mehr geliebt zu werden. Ein sich abgegrenzt verhaltender Mensch spürt, wann er auf die Aufforderungen seiner Umwelt eingehen muss und wann er sie einfach übergeht und so deutlich macht, dass er in diesem Augenblick nicht zur Verfügung steht. Wenn beispielsweise Ihr Hund Sie ansieht und damit auffordert, seinen Blick zu erwidern, könnten Sie dieser Bitte nachkommen – vorausgesetzt es ist Ihnen gerade danach. Oder aber Sie könnten noch nicht einmal mit der Wimper zucken – auch weil Ihnen gerade danach ist. Wenn Sie aber gar nicht mehr selbst entscheiden, sondern Ihr Blick automatisch und prompt der Aufforderung Ihres Hundes nachkommt, wird er Sie nicht als denjenigen ansehen, nach dem er sein Verhalten ausrichtet. Haben Sie ihm doch gerade deutlich gezeigt, dass er es ist, nach dem Sie Ihr Verhalten ausrichten.

Hier möchte ich noch einmal der Gelassenheit das Wort geben: Seien Sie gelassen, auch sich selbst gegenüber. Sie haben einen Fehler gemacht? Na und! Ihnen sind mal die Nerven durchgegangen? Halb so wild! Sie haben Ihren Hund ungerecht behandelt? Er wird Ihnen diesen einen Ausrutscher durchgehen lassen. Sie dürfen auch mal hilflos dastehen, Sie dürfen auch mal Fehler machen – das geht anderen kein bisschen anders, das ist vollkommen in Ordnung. Die eigenen Unzulänglichkeiten gehören genauso zu Ihnen wie Ihre Stärken, und zwar durchaus im positiven Sinne!

Dieses Buch handelt von Freundschaft – und von den Gesetzen dieser Freundschaft. Nächtelang habe ich mit meinem Freund Erik Zimen über dieses Thema diskutiert: Dass Freundschaft nicht einfach passiert, dass es dafür Gesetze gibt. Gesetze, also Rahmenbedingungen und Voraussetzungen, die eine solche Freundschaft erst richtig erblühen lassen. Gesetze, das klingt so hart, so nüchtern und kalt – und ist doch just das Gegenteil. Dass Er- und Beziehung immer auch soziale Reibung mit einschließt und dass gerade sie es ist, die uns immer wieder überrascht und verblüfft, die so viel Spaß und Freude macht, das war unser Thema, das wir immer wieder hervorkramten, immer wieder neu diskutierten, das uns immer wieder faszinierte.

Aber ich wollte ihn gar nicht kennenlernen! Erik Zimen. DEN Erik Zimen! Was ging diesem Mann für eine Aura voraus, was wurde alles über ihn gemunkelt und getuschelt. Den Geschichten zufolge handelte es sich um einen Menschen, der das Irdische und das Himmelreich miteinander verband. Also ein Typ kurz vor dem Lieben Gott!

Meine Frau Bettina drängte mich Anfang der 90er-Jahre: »Den musst Du mal kennenlernen! Der würde Dir gut gefallen!« In Hundetrainerkreisen war Erik Zimen zu dieser Zeit sehr aktiv. Durch seine Seminare zu unterschiedlichsten Themen rund um den Hund und den von ihm veranstalteten Hundewanderungen ging ihm eine ganz spezielle Aura voraus. Bereits als Jugendlicher hatte ich seine Bücher verschlungen. Aber musste ich deswegen diesen Halbgott kennenlernen? Sollte ich mich auch in die Reihe derer einreihen, die ihn anhimmelten? Ich fand das billig. Außerdem beschlich mich das ungute Gefühl, dass an ihm etwas faul sein musste. Ich selbst war bereits seit vielen Jahren erfolgreich als Hundetrainer tätig. Was sollte mir der Typ also noch sagen oder zeigen können?

Nein! Ich hatte eine regelrechte Abneigung gegen ihn entwickelt. Irgendwie aber kam es dann doch dazu, dass auf einer Wochenendveranstaltung Erik Zimen, der Erik Zimen, ein Referat halten sollte.

Mir war unwohl!

An dieser Veranstaltung nahmen etliche Tierärzte und Hundetrainer teil – genauer Tierärzt*innen* und Hundetrainer*innen*. 97% der Teilnehmer waren Frauen. 1% der übrigen 3% war ich. Still saß ich in der letzten Reihe und wartete auf ein Wunder. Das war das Mindeste, was er nun bringen musste. Abgesehen davon wusste ich bereits vorher, was ich nachher von ihm halten würde: ganz passabel, aber mehr auch nicht. Wie man sich täuschen kann!

Als Erik Zimen den Vortragssaal betrat, ging ein Raunen durch die Reihen. Das Raunen war zu 97% Sopran, zu 2% Bariton – und zu 1% Stille! Dennoch hatte ich das seltsame Gefühl: Hier passiert gleich was!

Erik Zimen betrat den Saal nicht alleine, sondern mit einem etwa vier Monate alten Großen Münsterländer. Um den Hals des jungen Hundes war ein sogenanntes »Stachelhalsband« angelegt. Ein Halsband aus Metall also, das beidseitig angebracht werden kann. Einmal mit den Stacheln nach innen und einmal mit den Stacheln nach außen. Erik Zimen nun hatte seinem jungen Hund das Halsband für alle sichtbar mit den Stacheln nach innen angelegt. Das Raunen im Saal wich Lauten des Entsetzens, bei denen sich die Sopranstimmen besonders hervorhoben. 2% des Bariton verstummten und 1% musste schmunzeln. Kurz darauf meldete sich eine empörte Stimme aus den Reihen der Sopranistinnen: »Aber Herr Dr. Zimen, wie können Sie etwas so Brutales tun und dem Hund dieses grausame Folterinstrument um den Hals binden?« Während die Teilnehmerin dies vorbrachte, ordnete Erik Zimen in aller Ruhe sein Manuskript, neben ihm sein junger Hund, der seinem Halter freundlich zugewandt war und entspannt mit der Rute wedelte.

»Er hat so an der Leine gezogen, da hab ich ihm das Halsband umgebunden. Jetzt zieht er nicht mehr. Was ist daran falsch?« beantwortete Erik Zimen die ihm gestellte Frage. Man belehrte ihn, dass man das heutzutage anders mache und ein Stachelhalsband wirklich nicht nötig sei. Es gebe schließlich zeitgemäße und nettere Wege, einem Hund das Ziehen an der Leine abzugewöhnen! Schmunzelnd blickte Erik Zimen auf seinen Hund, der freundlich mit der Rute wedelnd seinen Herrn anschaute. »So leid es mir tut, meine Damen und Herren, von dieser angeblich moderneren Art und Weise scheint mein Hund nichts mitbekommen zu haben.« Auf der Stelle spaltete sich das Publikum in zwei Lager. Die einen lachten, die anderen waren hin- und hergerissen. Ihr Held, der große Erik Zimen, ein Tierquäler?

Nun wollte ich Erik Zimen näher kennenlernen!

Sein Auftritt hatte eine heftige Diskussion zur Folge, während sein eigentlicher Vortrag in den Hintergrund trat. Ein heftiger Streit um die gute und die schlechte Art, einem Hund das Ziehen an der Leine abzugewöhnen, entbrannte. Doch Erik gelang es, die Leute wieder zu beruhigen. »Meine Damen und Herren, ich habe Sie während der Pausen dieser Veranstaltung mit ihren Hunden beobachtet. Nicht ein einziger der anwesenden Hunde konnte entspannt und ohne an der Leine zu ziehen neben seinem Menschen gehen. Erklären Sie mir doch bitte Ihren ›neuen Weg‹ der Hundeerziehung. Ich bin gerne bereit etwas dazuzulernen.« Plötzlich war es ganz still im Saal.

Wie gesagt, jetzt wollte ich ihn kennenlernen, diesen Erik Zimen.

Und ich hatte das Glück, Erik Zimen näher kennenzulernen. In all den Jahren unserer Freundschaft habe ich nie wieder ein Stachelhalsband an einem seiner Hunde gesehen. Warum aber hatte er dann dieses Theater mit dem Stachelhalsband veranstaltet?

Er liebte die Provokation und tat zu gerne genau das, was man nicht von ihm erwartete. Dabei lag ihm immer daran, die Menschen wach zu rütteln, ihnen etwas zum Nachdenken zu geben. Sein in den Grundfesten unerschütterliches Selbstbewusstsein und seine der Dummheit und der Arroganz gegenüber respektlose Art und Weise waren keine leichten Gegner bei solchen Diskussionen, von denen ich in den kommenden Jahren noch etliche mitbekommen sollte. Erik Zimen war zudem ein sehr gebildeter Mensch und verfügte in Sachen Caniden über ein hohes Maß an Wissen. Aber es war nicht unbedingt dieses Wissen, das ihn in solchen und ähnlichen Diskussionen auszeichnete. Erik Zimen verstand es auf besondere Art und Weise, die Gefühle der Menschen anzusprechen und ihre Empfindungen dahingehend zu beeinflussen, dass sich letztlich neue Wege für den einen oder anderen öffneten. Um aber neue Wege zu gehen, muss man zunächst den eigenen Standpunkt bestimmen können. Eben diese Standpunktkunde verhalf vielen Menschen zu einer neuen Orientierung in ihrem Leben.

Nachdem wir uns schon länger kannten und viel über Dies und Das gesprochen hatten, fuhr ich mit unseren Kindern einmal zu einem seiner sogenannten Kindersommercamps. Dort trafen sich Kinder aus ganz Deutschland, um auf seinem Hof in Bayern Urlaub zu machen. Kinderurlaub. Urlaub von einem viel zu frühen Erwachsenwerden. Kein Handy, kein Walkman, kein PC! Sie machten Urlaub vom Asphalt in der Großstadt und Urlaub von den Eltern, die einen sowieso nur durch den Alltag organisierten. Gegessen wurde gemeinsam, geschlafen wurde auf dem Heuboden, über den Hühnern und den Schafen. Gewaschen wurde sich mit kaltem Wasser. Abends gab es Lagerfeuer und Wurst am Spieß, einmal sogar einen Fackellauf in absoluter Finsternis. Vor dem Schlafengehen wurde eine Geschichte vorgelesen oder eine selbst erlebte Geschichte erzählt. Die in Gruppen aufgeteilten Kinder hatten auch Aufgaben. Die Hühner füttern, die Eier einsammeln, das Heu aufladen. Die Kleinsten waren für die Tauben verantwortlich. Die Tischgruppe organisierte den

Frühstückstisch und stellte eigenverantwortlich das Frühstück zusammen. Nutella war verboten! Kaugummi auch! Fluchen ebenfalls! Aber dreckig durfte man sein, man durfte Schabernack machen. Manche lernten erst hier, was Schabernack inhaltlich bedeutet. Keine fiesen Sachen eben. Schoss einer über das Ziel hinaus und baute Mist, wurde er zur Verantwortung gezogen. In dieser Zeit wurde für mich aus Erik Zimen einfach nur Erik.

Erik liebte Kinder und er konnte sich herzlich an ihnen erfreuen. Herzlich – das trifft es! Erik war ein sehr herzlicher Mensch, und diesem herzlichen Erik konnte ich mich nähern.

Erik hatte einen durchaus barocken Lebensstil. Er war sehr gerne mit vielen Menschen beisammen, er lachte gerne, es wurde gegessen, getrunken, gefeiert. Erik war ein Mensch, der so viel unterschiedliche Dinge erlebt und gesehen hat, dass ich gar nicht erst anfange, hier davon zu berichten. Ich würde mich in der Fülle verlieren. Dieses »viel erlebt zu haben« und »viel von dieser Welt gesehen zu haben«, ließ ihn menschliche Schwächen begreifen und verstehen. Eben dieses Verständnis für menschliche Schwächen und Unzulänglichkeiten bildete den Grundstock einer gewissen Sicht der Dinge. Es musste nicht alles perfekt sein. Weder die Sachen, die einen umgaben, noch die Menschen, die einen umgaben, und schon gar nicht die Kinder.

Wir redeten und philosophierten um die Wette. Warum, wieso, weshalb ... ? Dabei lernte ich ihn als einen feinen, nachdenklichen und oft – trotz oder gerade weil er das Leben so liebte – auch als einen an der Welt verzweifelnden Menschen kennen.

Während eines dieser Gespräche schlug Erik vor, gemeinsam eine Veranstaltung für Hundehalter und Hundetrainer zu machen. Er sah in uns beiden eine wunderbare Verschmelzung von Theorie und Praxis. Die Veranstaltung sollte eine ganze Woche dauern, alle

Teilnehmer konnten ihre Hunde mitbringen. Die »Praktische Woche« – bis heute das Herzstück unserer Veranstaltungsreihe bei CANIS – Zentrum für Kynologie, war geboren.

Zwei Dinge oder Themen, die Erik zu mir sagte, bin ich nicht mehr losgeworden. Das erste war eine Bemerkung, während er mich beim Feueranzünden beobachtete:

»Jedes Feuer fängt klein an!«

Keine brandneue Weisheit und Erik hatte sie bestimmt nicht erfunden. Ein Kinderspruch – und dennoch ein Treffer. Seitdem betrachte ich meine Vorhaben, wenn sie nicht gleich von Erfolg gekrönt sind, um einiges gelassener, denn jedes Feuer fängt klein an.

CANIS wurde während einer Praktischen Woche in Bayern geboren. Eriks Idee! Dieses Feuer fing seltsamerweise nicht klein an. Die Idee war ganz einfach: Wir bilden Menschen zu Hundetrainern aus und etablieren ein Berufsbild. Wir bieten detailliertes Wissen rund um den Hund in Theorie und Praxis mit wissenschaftlichem Anspruch. Wir suchen uns namhafte und streitbare Dozenten. Im Herbst 2002 legten wir los. Wenig später, einen Tag vor Weihnachten 2002, erfuhr Erik, dass er einen Gehirntumor hatte. Am 19. Mai starb er auf seinem Hof in Bayern.

Auf einer Kurzwanderung während einer Veranstaltung erzählte mir Erik, dass er bereits seit längerer Zeit mit einem Buchprojekt schwanger gehe. Auf zahllosen Veranstaltungen beobachtete er das Zusammenspiel der Teilnehmer mit ihren Hunden. Das Maß der Unerzogenheit der Hunde bestimmter Teilnehmer (einfache Hundehalter, aber auch nicht wenige Hundetrainer) stand in direktem Zusammenhang mit dem Verhalten der Halter, die ihre Hunde für gewisse Unerzogenheiten nicht zur Verantwortung zogen. Warum war das so? Glaubten die Halter, alles sei mittels Belohnungen zu erreichen? Saßen sie dem Trend auf, das Ignorieren von Fehlverhalten trüge unmittelbar zu einer Verhaltensverbesserung bei? Eriks radikales Fazit: Die Menschen sind unfähig, ihre Hunde für Fehlverhalten zu bestrafen, weil sie befürchten, von ihnen dann nicht mehr geliebt zu werden! Das sollte die Kernaussage seines künftigen Buches mit dem Titel »Gesetze einer Freundschaft« werden.

Es sollte nie fertig werden. Eriks Gedanken, seine Erklärungen, Beobachtungen und erlebten Fallbeispiele haben für mich entscheidend dazu beigetragen, Worte und Wege zu finden, die Menschen genau über dieses Gefühl zu ihrem Hund anzusprechen. Erziehung bedeutet, jemandem zu helfen, in dieser Welt zurechtzukommen. Das wiederum bedeutet zwangsläufig für den Erzieher, dass er ab und an das Gefühl annehmen und verkraften muss, dass der zu Erziehende ihn auch mal nicht mag. Von Liebe will ich hier gar nicht sprechen. Liebe ist übergeordnet und sollte diese zeitlich begrenzten Umstände souverän enthalten. Ein Gesetz könnte also lauten:

> Der Hundehalter ist verpflichtet, seinem Hund den richtigen Weg zu weisen, auch gegen dessen Aufbegehren.

Dahinter verbergen sich die Rahmenbedingungen einer stabilen, funktionierenden, sprich einer guten Beziehung. Eine stabile, gute Beziehung wiederum verträgt nicht nur Konflikte, sondern ist auf so manchen erzieherischen Einwand zwingend angewiesen.

Die »Gesetze einer Freundschaft« sind das zweite Thema, das ich nicht mehr loswerde. Es gibt Gesetze beziehungsweise Regeln für eine Beziehung des Menschen zu seinem Hund. Diese sind nicht starr und repressiv – sie sind dehnbar und förderlich. Warum hat unsere Gesellschaft scheinbar die Fähigkeit verloren, jemanden, der in einer sozialen Abhängigkeit zum Erzieher lebt, zu erziehen? Warum werden neue Wege in der Erziehung bereits hochgelobt, noch bevor sie sich bewährt haben?

Die Gesetze einer Freundschaft stellen mir unendlich viele Fragen und es sind vermutlich ebenso viele Antworten möglich. Beobachten, nachdenken, sich streiten, Lösungen finden – und auch wieder verwerfen! – das ist es, was Erik, in Anlehnung an Albert Schweitzer, als Ehrfurcht vor dem Leben bezeichnete. Dass dieses Buch mit dazu beiträgt, nicht nur Fragen zu beantworten, sondern im genannten Sinne auch immer wieder neue Fragen zu stellen, ist meine Hoffnung.

Ihr

REGISTER

Mit 16 Farbillustrationen von Miriam Warwas
Umschlaggestaltung von eStudio Calamar unter Verwendung einer Farbillustration von Miriam Warwas.

Alle Angaben in diesem Buch erfolgen nach bestem Wissen und Gewissen. Sorgfalt bei der Umsetzung ist indes dennoch geboten. Verlag und Autoren übernehmen keinerlei Haftung für Personen-, Sach- oder Vermögensschäden, die aus der Anwendung der vorgestellten Materialien und Methoden entstehen könnten.

FSC
www.fsc.org
MIX
Papier | Fördert gute Waldnutzung
FSC® C014889

Gedruckt auf chlorfrei gebleichtem Papier

ISBN 978-3-440-10634-1
Redaktion: Hilke Heinemann
Satz: Sabine Seifert – Satz/Grafik/Lektorat
Produktion: Eva Schmidt
Druck und Bindung: Friedrich Pustet GmbH & Co. KG, Regensburg
Printed in Germany / Imprimé en Allemagne